자연 관찰 일기 쓰기

자연 관찰 일기 쓰기

관찰하고 기록하며 자연과 친해지는 법

Keeping a Nature Journal

에드워드 윌슨 서문 ― 신소희 옮김

클레어 워커 레슬리

김영사

Keeping a Nature Journal: Deepen Your Connection with the Natural World All Around You, 3rd edition by Clare Walker Leslie

Illustrations by © Clare Walker Leslie

Additional illustrations by Ash Austin © Storey Publishing, LLC, 121 bottom; © Lyn Baldwin, 116; Chun Man Chow, 117; © Eleanor Williams Clark, 111; Karen D'Abrosca, 113 top; Courtesy of Nick Elton, 119 top left; Lisa H. Hiley © Storey Publishing, LLC, 120; Maria Hodkins, 118 top; Courtesy of Stephen Houser, Jr., 119 top right; © John Muir Laws, 115; © Sandy H. McDermott, 119 bottom; © Jonah Mateo, 114; © Margy O'Brien, 112; © Jeannine DesVergers Reese, 110; Rebecca Ries-Montgomery, 118 bottom; Charles E. Roth, 5, 81; Lisa Sausville, 113 bottom left; 200 top and center; Courtesy of Angelique Scarpa, 113 bottom right; © Ilona Sherratt, 121 top left; Ilona Sherratt © Storey Publishing, LLC, 121 top right; Students of Clare Walker Leslie, 38-39, 76-77, 207

Photography courtesy of Li-Ting Hu, 28; courtesy of Clare Walker Leslie, front flap and 195

Text and illustrations © 2021 by Clare Walker Leslie. © 2000, 2003 Clare Walker Leslie and Charles E. Roth
Charles E. Roth coauthored the original edition of this book.

All rights reserved.

Korean translation copyright © 2025 by Gimm-Young Publishers, Inc.

This Korean edition was published by arrangement with Storey Publishing, an imprint of Workman Publishing Co., Inc., a subsidiary of Hachette Book Group, Inc., New York, NY, USA through KCC(Korea Copyright Center Inc.), Seoul.
이 책은 (주)한국저작권센터(KCC)를 통한 저작권자와의 독점계약으로 김영사에서 출간되었습니다.
저작권법에 의해 한국 내에서 보호를 받는 저작물이므로 무단전재와 복제를 금합니다.

자연 관찰 일기 쓰기

1판 1쇄 인쇄 2025. 6. 4.
1판 1쇄 발행 2025. 6. 18.

지은이 클레어 워커 레슬리
옮긴이 신소희

발행인 박강휘
편집 강영특 디자인 유향주 마케팅 고은미 홍보 박은경
발행처 김영사
등록 1979년 5월 17일 (제406-2003-036호)
주소 경기도 파주시 문발로 197(문발동) 우편번호 10881
전화 마케팅부 031)955-3100, 편집부 031)955-3200 | 팩스 031)955-3111

값은 뒤표지에 있습니다.
ISBN 979-11-7332-246-4 03400

홈페이지 www.gimmyoung.com 블로그 blog.naver.com/gybook
인스타그램 instagram.com/gimmyoung 이메일 bestbook@gimmyoung.com

좋은 독자가 좋은 책을 만듭니다.
김영사는 독자 여러분의 의견에 항상 귀 기울이고 있습니다.

감사의 말

친절하게도 나를 스코틀랜드, 영국, 스웨덴으로 초대해준 에릭 이니언, 존 버스비, 군나르 브루세비스, 라스 욘손에게 《자연 관찰 일기 쓰기》 3판을 헌정합니다. 나를 집에 맞아들이고 재워주며 자연을 그리는 법을 가르쳐준 분들입니다.

내 첫 번째 책 《자연 드로잉: 그림 도구와 방법》(1980)은 1976년 에릭 이니언에게 배워 지금까지 사용하는 기법에 바탕을 두었습니다. 《현장 스케치 기술》(1994)은 존과 조앤 버스비 부부의 지도와 오랜 우정 덕분에 나올 수 있었던 책입니다. 군나르 브루세비스는 1988년 내게 처음으로 글과 그림이 어우러진 자연 관찰 일기 형식을 알려준 분입니다. 스웨덴에서 손꼽히는 자연 예술가였던 군나르는 '자연 통신원'임을 자임했지요. 나 역시 그 무렵부터 '자연 관찰 일기 작가'로 자칭하게 되었답니다. 이처럼 훌륭한 자연 예술가 스승들로부터 전수한 놀라운 가르침의 결정체가 바로 《자연 관찰 일기 쓰기》 초판(2000)이었습니다. 참, 1984년에 야외로 나가서 연필과 수채 물감으로 새와 풍경을 그려보라고 권해준 라스 욘손도 빠뜨려선 안 됩니다. 결과물에 연연하지 말고 과정을 즐기라는 것 또한 그분에게서 배웠어요.

자연 관찰과 드로잉에 관해 쓰고 그리고 전시하고 출판하고 가르치며 살아온 지 어느덧 50여 년이 되었네요. 처음으로 백지를 펼치고 끊임없이 '어디서', '무엇을', '왜'라고 질문하며 예술가이자 풀뿌리 자연학자로서 배운 것을 기록하기 시작한 때가 1978년 2월입니다. 이후로 쭉 나와 함께해준 여러 스승과 친구와 학생들에게, 담당 편집자와 출판사에, 마지막으로 우리 가족에게 감사를 전합니다. (《자연 관찰 일기 쓰기》 3판은 2020년 여름에 저술했으며 내 일기장 제55권의 그림들도 담겨 있습니다!)

척 로스를 추모하며

《자연 관찰 일기 쓰기》 초판 공동 집필에 흔쾌히 동의해준 매사추세츠 오듀본 협회의 명예 교육자 찰스 E. '척' 로스에게 깊은 감사를 표합니다. 우리는 과학과 예술 사이에서 밀고 당기며 즐겁고 재미있는 나날을 함께했습니다. 스토리 출판사의 편집자 데버러 발머스가 섬세하고 현명한 손길로 책을 만들어준 덕분에 국제 도서상까지 받을 수 있었습니다. 고마워요, 척. 그리고 스토리 출판사도 고마워요(척 로스는 2016년 82세를 일기로 세상을 떠났다—옮긴이).

척 로스의 그림

차례

감사의 말	5
초판 서문 _에드워드 윌슨	9
머리말	10

1부 **준비하기**

1장	자연 관찰 일기를 쓰는 이유	16
2장	도구와 양식	54
3장	그리기의 기초	68
4장	기록 요령	90

2부 탐구하기

계절과 하늘	**126**
꽃식물과 민꽃식물	**134**
나무와 잎	**142**
새, 부리와 깃털	**152**
포유류, 반려동물 및 야생동물	**164**
양서류와 파충류	**172**
곤충과 무척추동물	**176**
풍경	**184**
부록: 자연 관찰 일기 가르치기	**194**
추천 도서와 자료	**211**
찾아보기	**218**

경이로움의 순간!
마운트오번 묘지 4/15
2:30pm
10도, 맑음

딱따구리가
먹을 것을 찾아
돌아왔다.
갈라진 보도블록 틈새의
개미를
잡아먹고 있다.

일러두기

- 이 책은 Keeping a Nature Journal 3판(2021)을 번역한 것이다. 1판(2000년), 2판(2003년)은 클레어 워커 레슬리와 찰스 로스의 공저로 출간되었으나, 공저자인 찰스 로스가 사망한 이후 클레어 레슬리 워커가 내용과 체재를 대폭 개정해 3판을 냈다. 국내에서는 2008년 검둥소(우리교육) 출판사에서 원서의 2판을 번역해 《자연 관찰 일기》로 출간한 바가 있다.
- 책에 등장하는 북미 지역 생물의 이름은 국가생물종목록(국립생물자원관), 국가생물종지식정보시스템, 국가표준식물목록, 국가표준곤충목록, 국가표준버섯목록(이상 국립수목원), 한국외래생물정보시스템(국립생태원)과 각종 도감, 검둥소 판을 두루 참고했으나 국내에서 정착된 이름이 없거나 국내의 종과 정확히 일치하지 않는 경우, 널리 통용되고 있는 이름을 선택하거나 영어 이름에 담긴 뜻을 살려 옮겼다. 북미에서는 간단한 이름으로 불리지만 정확한 국명으로 표기할 경우 우리 독자에게 너무 생소하고 복잡하게 들릴 우려가 있는 곳에서는 더러 친근한 이름을 사용하기도 했다(예: gray squirrel을 '동부회색다람쥐'가 아닌 '청설모'로 옮김).
- 본문에 수록된 자연 관찰 일기 예시의 사소한 오류(예: 95쪽 일기의 일조시간 표기 착오)는 일기의 생생함을 그대로 전달하기 위해 그대로 두었다.

초판 서문

자연(natural history)이란 무엇일까요? 말 그대로 우리를 둘러싼 세계 전체입니다. 산 정상에서 내려다보이는 광대한 숲 풍경도, 도심 보도에 자라는 무성한 잡초도 자연입니다. 수면 위로 튀어 오르는 고래도, 연못물 한 방울에 가득한 조류와 원생동물도 자연이지요. 온 세상이 가상현실보다 진짜 현실을 (가끔씩이라도) 선호하는 탐험가들을 기다리며 살아 숨 쉬고 있습니다. 현대 기술의 경이로움을 언급하기 전에, 보도의 잡초와 원생동물이 인류가 발명한 그 어떤 장치보다도 복잡하다는 사실을 기억하세요.

인류는 수백만 년 동안 자연 속에서 진화해왔습니다. 그러니 선천적으로 자연과의 접촉에서 짜릿함과 기쁨을 느낄 수 있으리라고 추측해도 무리는 아니겠지요. 게다가 인류는 진화를 통해 지구를 덮고 있는 얇디얇은 생물권에 완벽하게 적응했기 때문에, 우리의 생존은 지구의 다른 생명체들을 이해하고 보호하는 데 달려 있습니다. 깨끗하고 건강한 자연 환경은 우리가 누려야 할 기쁨일 뿐만 아니라 인류 전체에 도움이 됩니다.

이런 즐거움과 실용성의 조합은 《자연 관찰 일기 쓰기》에서 손그림을 권장하고 중시하는 이유와도 맞닿아 있습니다. 손그림은 수백 년 동안 주된 자연 묘사 수단이었습니다. 한동안 많은 사람들이 자연 일러스트가 사진과 그래프로 대체될 것이라고 믿었지요. 하지만 사진과 그래프는 인간의 눈으로 볼 수 있는 것의 양극단일 뿐입니다. 사진은 정밀 묘사의, 그래프는 추상화된 데이터의 극단입니다. 그 사이에 자연 일러스트가 있습니다. 사진을 찍기는 어렵고 그래프를 그리기도 불가능한 상황에서 관찰자가 가장 중요하고 흥미롭게 생각하는 특징을 묘사하는 방법이지요. 게다가 자연 관찰 일기는 매우 유연해서, 학술 출판물을 위한 과학 도표부터 눈을 즐겁게 해주는 창작 예술까지 아우를 수 있습니다.

자연 관찰 일기가 잘 보여주듯이, 자연 일러스트에는 마찬가지로 중요한 또 다른 기능이 있습니다. 사진에 비해 창작자가 더 직접적으로 관찰 대상에 관여한다는 점입니다. 일러스트레이터는 단순히 자신이 본 것을 기록하는 것이 아니라 재창조합니다. 중요해 보이는, 강조하고 전달할 가치가 있다고 판단한 것을 하나의 매력적인 이미지에 담아내지요. 캡션과 설명을 통해 자신이 받은 인상을 강조할 수도 있습니다. 이런 창의적 과정은 자연학의 핵심일 뿐만 아니라, 최고의 경험을 만끽하려는 사람이 그 기억을 최대한 오래 간직하게 해줍니다.

하버드 대학교 연구교수 겸
비교동물학박물관 곤충학 명예 큐레이터
에드워드 O. 윌슨

머리말

나는 1978년에 처음으로 자연 관찰 일기를 쓰기 시작했습니다. 자연에 관해 아는 것이 없어서, 빈 페이지를 바라봐도 뭘 그려야 할지 막막했지요. 하지만 야외에 호기심이 많았고 들판과 숲을 돌아다닐 때 행복하다고 느꼈습니다. 그래서 무턱대고 노트를 사서 펜을 들었습니다. 글을 쓰고 그림을 그리며 내가 배운 것을 기록해나갔지요. 첫 번째 스케치는 친구와 함께 오듀본 보호구역을 탐험하며 그렸습니다. 정신없이 혹파리를 스케치하고 그 아래 "누구의 창조물일까?"라는 질문을 적었어요.

걸어가다 보니 아메리카밭쥐 둥지와 토끼 똥, 이빨 자국이 남은 나뭇가지 몇 개가 보였습니다. 매 한 마리가 머리 위를 맴도나 싶더니 이슬비가 내리기 시작했습니다. 오래된 산딸기 덤불에 빗방울이 맺히고, 그 작은 물방울 렌즈에 거꾸로 뒤집힌 세상이 비쳐 보였습니다.

40여 년이 지나고 일기를 55권이나 쓴 지금도 당시의 일기를 들춰보면 그 순간의 짜릿한 기쁨이 기억납니다. 과거의 일기를 훑어보며 내 삶과 주변 자연의 변화, 계절의 순환 속에 해마다 이어지는 일관된 변화의 패턴을 찾는 게 즐겁습니다.

《자연 관찰 일기 쓰기》가 최초로 출간된 20여 년 전만 해도 자연에 관한 일기를 쓴다는 개념 자체가 생소했습니다. 하지만 사람들이 환경 문제를 더 중요시하게 되면서 야외에 나가 자연을 관찰하고 기록하는 일이 엄청난 인기를 끌었지요. 찰스 로스와 함께 쓴 이 책의

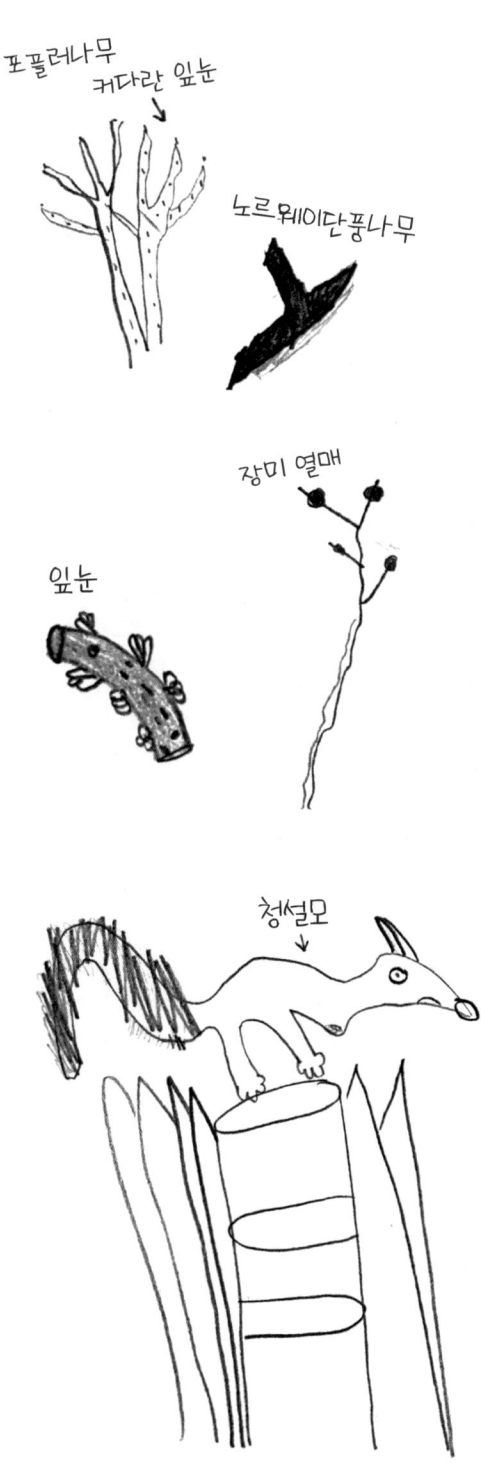

"너는 왜 자연 관찰 일기를 쓰니?"
초등학교 5학년 아이에게 물었더니
이렇게 대답하더군요.
"재미있고 많은 걸 배우니까요."

초판은 미국 전역과 세계 여러 나라에서 사랑받았습니다. 그동안 나도 많은 곳에서 여러 사람들에게 자연 관찰 일기를 가르치는 기쁨을 누릴 수 있었어요. 세계적으로 점점 더 많은 사람들이 환경에 관심을 기울이고 있습니다. 우리 모두가 연결되어 있다는 걸, 우리의 삶이 어머니 지구를 하나로 묶어주는 생명의 그물에 의존하고 있다는 걸 깨닫기 시작했지요.

누구나 할 수 있다

자연에 관해 전혀 몰라도 자연 관찰 일기를 시작할 수 있습니다. 그림 그리기와 글쓰기, 도구와 기법을 몰라도 됩니다. 도시, 교외, 시골, 어디에 살든 상관없습니다. 심지어 실내에서만 지내도 됩니다. 부유하든 가난하든, 국적과 나이가 어떻든 누구나 가능합니다. 몸이 불편하거나 차가 없어도 괜찮습니다.

"내가 사는 이곳의 자연에 지금 무슨 일이 일어나고 있을까?"라고 묻는 호기심만 있으면 됩니다. 그 대답을 직접 찾아보세요. 자연 관찰 일기 쓰기는 추적 또는 탐정 수사에 가깝습니다. 아주 간단한 질문부터 시작하세요. "하늘에 구름이 떠 있나?" "새 소리가 들리나?" "날씨는 어떻지?" "어떤 식물이 보이지?"

무엇보다도, 자연 관찰 일기는 재미있습니다. 혼자서, 친구와 함께, 아이들과 함께, 교실에서, 심지어 병상에 누워서도 쓸 수 있지요. 낮이든 밤이든 계절과 날씨에 상관없이 쓸 수 있습니다. 내 제자들은 양로원과 교도소에서, 배 안에서, 등산로와 캠프장, 미국 전역과 다른 나라의 여러 학교에서 자연 관찰 일기를 가르치고 있답니다.

하루에 20분만 시간을 내세요. 밖으로 나가

서(아니면 그냥 창밖을 내다보면서) 쓰고 그려보세요. 나뭇잎, 새, 구름 모양, 활기찬 산책길에 들려온 소리를 기록하세요. 인생이 한층 즐거워질 거예요. 이 책에서도 계속 강조하겠지만, 그림을 잘 그렸는지 못 그렸는지 걱정하지 마세요. 자연 관찰 일기에서 중요한 건 글이나 그림보다도 얼마나 잘 '보고' 기록했는가 하는 것이니까요.

> 올해 1월은 윌리엄스타운에서 보낸 지난 두 해 겨울과는 뭔가 달랐어요. 날씨가 아니라 내 눈이 달라져서 그런가 봐요. (…) 일기장을 들고 캠퍼스를 돌아다니며 나뭇가지와 바늘잎, 눈에 찍힌 발자국 모양을 자세히 관찰하다 보니 깨달은 게 있어요. 겨울에도 생명은 여전히 내 앞에 존재한다는 거죠. 예전과 다른 시선으로 바라보기만 하면 되는 거였어요.
>
> 톰 스토더드
> 윌리엄스 대학교 재학생

샌디 맥더멋과
철 늦게 찾아든
제왕나비
따뜻하고 맑은 10월 중순에
마운트오번
10/16

미국너도밤나무
마운트오번 1993/10/14 11am

1부
준비하기

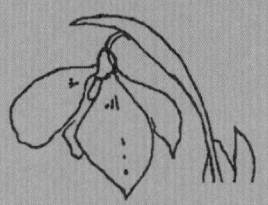

20세기의 분주한 삶을 잠시 멈추는 것, 풀밭에 앉아 바깥세상을 잊고
대지로 돌아가는 것, 버드나무와 수풀과 구름과 나뭇잎을 제대로
바라보는 것, (…) 무언가를 똑바로 보려면 그것을 그려야 하며 (…)
보는 것과 그리는 것은 결국 하나임을 (…)
세상은 내가 끊임없이 재발견하는 것임을 배웠다.

- 프레더릭 프랭크, 《보는 것의 선(禪)》

1장

자연 관찰 일기를 쓰는 이유

6/6, 1:30pm
잠시 눈을 들어
파도만 바라볼 시간

많은 사람들이 자연과 더 깊이 연결될 길을 찾습니다. 자연을 본받고 그 안의 생명들을 보호하고 우리 삶의 원리를 파악하기 위해서죠. 인간은 의식을 갖게 된 이후로 줄곧 자신과 자연을 더 잘 이해하려고 애썼습니다. 많은 사람들이 펜과 양피지, 붓, 망원경을 들고 나가 관찰한 것을 기록했습니다. 무수한 아이와 어른들이 자연에 대한 끝없는 호기심으로 자연 관찰 일기를 남겨왔지요. 자연 관찰 일기는 주변 세계를 탐험하고 자연과 긴밀한 관계를 맺게 해줍니다. 일기를 어떻게 활용할지는 전적으로 여러분의 몫입니다. 내 경우 자연 관찰 일기를 기반으로 평생의 경력을 쌓았지요. 여러분도 원하는 대로 자연과의 관계를 만들어보세요. 교실에서 가르치는 교사, 독학으로 자연을 연구하는 풀뿌리 자연학자, 자연을 사랑하는 예술가, 자연 묘사를 즐기는 과학자가 될 수도 있습니다. 자연을 치유와 명상, 연결의 원천으로 삼을 수도 있겠지요.

자연 관찰 일기란 무엇인가요?

자연 관찰 일기는 간단히 말해 우리 곁의 자연을 관찰하고 인식하고 느낀 내용을 규칙적으로 기록한 것입니다. 보통은 어떤 식으로든 날짜, 장소, 시간, 날씨를 적습니다. 기록 방식도 나이와 경험, 관심사, 주어진 시간에 따라 다양할 수 있습니다. 자연 관찰 일기를 작성하는 '올바른' 방법은 없습니다. 자연 관찰 일기를 잘 쓰려면 융통성이 있고 어디까지나 자신의 의도에 충실해야 합니다.

그림 그리기보다 글쓰기를 선호하는 사람도 있습니다. 과학적인 사람이 있는가 하면 예술적인 사람도 있습니다. 일기를 세심하게 관리하며 꾸준히 기록하는 사람이 있고, 생각날 때만 가끔씩 쓰는 사람도 있습니다. 사진, 엽서, 인터넷에서 찾은 정보, 신문이나 잡지 스크랩 등의 자료를 추가할 수도 있습니다. 나는 학생들에게 이렇게 말합니다. "일단 자연 관찰 일기의 기본 양식을 배우고, 그다음부터는 각자의 취향과 목적에 따라 시작하세요."

이 책에 수록된 다양한 그림을 통해 영감을 얻고 자신 있게 여러분의 길을 찾아가보세요. 아이들 그림도 있고 과학 일러스트레이터의 그림도 있습니다. 수업 과제로 그리거나 집 뒤뜰에서, 또는 머나먼 지역을 여행하면서 그린 것도 있지요. 인상을 포착하기 위해 서둘러 그린 작품도 있고, 몇 시간이나 며칠씩 걸려서 완성된 작품도 있습니다. 15세기 예술가 레오나르도 다빈치가 남긴 것과 같은 과거의 자연 관찰 일기와 그림을 살펴보는 것도 좋겠습니다(211쪽의 '추천 도서와 자료'에서 그 밖의 여러 책을 추천했습니다). 인터넷에서 다양한 자연 관찰 일기 강습과 워크숍에 참여하거나 작품을 공유할 기회도 점점 더 늘어나고 있습니다.

● 경험 기록하기

자연 관찰 일기는 개인적인 일기라기보다는 자연에 대한 반응과 배움의 기록입니다. 나는 학생들에게 말하곤 합니다. "자연 관찰 일기는 여러분의 삶이 얼마나 끔찍한지, 동생이 얼마나 미운지 불평하기 위해 쓰는 것이 아닙니다." 자연 관찰은 여러분의 머릿속을 벗어나 자연의 세계에 들어서기 위한 것입니다. 물론 머릿속 고민을 암시할 수는 있지만 주제로 다루면 안 됩니다. 예를 들어 평소대로 날짜, 시간, 장소, 날씨 기록을 시작할 때 "오늘은 내 생일이니 하루 종일 나를 위해 보낼 거야!"라고 적는 식이면 족하지요.

붉은꼬리매를 바라보는
헤이즐과 리디아를 바라봄
마운트오번 3/6 토요일 2:30

> 내가 기억하는 한 나는 항상 그림을 그렸다. 그림은 한 장의 종이다. (…) 종이 위로 손을 움직이다 보면 어느새 거기에 그림이 있다. 글쓰기는 고통이자 고역이며 허리를 아프게 한다. 물론 그림 없이 글만 쓸 수도 있지만, 그림을 그리면 훨씬 더 많은 것이 눈에 들어온다. 마찬가지로 글을 쓰고 배우면서 그림을 그리면 훨씬 더 많은 것을 보게 된다.
>
> 앤 즈윙거
> 작가 겸 자연학자(1925~2014)

풍부한 전통으로 돌아가기

자연 관찰 일기는 새로운 것이 아니라 현존하는 가장 오래된 기록 형식에 속합니다. 인류는 역사 내내 어떤 형태로든 자연 관찰 일기를 써왔습니다. 동굴 벽화를 그리거나, 막대기에 자국을 새기거나, 꽃병과 천막을 채색화로 장식하거나, 양피지로 공들여 필사본을 만들었습니다. 사냥과 전투, 시간의 흐름, 성공적 탐험, 파종과 수확 주기도 남겼지요. 이런 기록은 당시에는 자연 관찰 일기라고 불리지 않았겠지만 그럼에도 분명히 자연 관찰 일기였습니다.

수백 년 동안 선장들은 날씨, 별자리, 지나가는 새, 사람들의 행동과 기타 관심 사항을 항해 일지(또 다른 형태의 자연 관찰 일기)에 적었습니다. 과거나 현재나 많은 탐험가들이 여정에 과학자와 예술가를 데려갑니다. 토머스 제퍼슨 대통령은 어째서 미주리강을 따라 태평양까지 가는 탐험대의 책임자로 루이스와 클라크를 선택했을까요? 물론 두 사람은 숙련된 탐험가이자 노련한 지도자였지만, 각자 꼼꼼하고 상세하게 쓰고 그린 일기를 남겼다는 점도 중요합니다. 루이스와 클라크의 일기는 2년에 걸친 그들의 위태로운 여정에 관한 현존하는 최고의 기록물입니다.

예전에는 많은 학생들이 자연 관찰 일기를 작성했고, 주위의 자연뿐만 아니라 인간 생활에 관해서도 기록했습니다. 제대로 된 교과서가 없던 시절에는 이런 일기가 일종의 기초 읽기 자료였지요. 오늘날 많은 학교와 홈스쿨링 그룹, 자연 센터와 캠프, 심지어 학부나 대학원 수업에서도 먼 곳의 이국적 생태계에 주목하는 대신 지역 서식지 연구로 돌아오고 있습니다. 지구적 기후 위기가 널리 알려지고 지역 환경을 보호할 방법을 찾으려는 사람들이 늘어나면서 이런 변화가 더욱 뚜렷해지는 추세입니다. 시민 과학 프로그램과 생물 계절학(44쪽 참조)이 각광받으면서 점점 더 많은 학생들이 새삼 깨닫고 있습니다. 동식물, 기상 패턴, 달의 위상 변화가 아마존 열대우림이나 북극 툰드라, 호주 아웃백뿐만 아니라 바로 우리 주위에도 존재한다는 사실을요.

> 어린이의 세상은 신선하고 새롭고 아름다우며 경이와 설렘으로 가득하다. 불행히도 우리 대부분은 아름답고 경이로운 존재를 본능적으로 알아보는 그 맑은 눈을 어른이 되기도 전에 그르치거나 영원히 잃어버린다.
>
> 레이첼 카슨
> 《센스 오브 원더》

노르웨이 단풍나무 꽃

오래된 참나무 그루터기 위에서 우리를 바라보던 캘리포니아 땅다람쥐. 길이 18센티미터. 칙칙한 갈색에 짙은 얼룩무늬

애나의 침실 창밖 풍경(동향): 아파서 결석한 애나와 그림을 그리며 놀았다

12/8 9am
올겨울 첫눈: 축축한 비+진눈깨비. 북쪽에 폭풍주의보
해돋이 6:56am 해넘이 4:12pm

● 자연학자란 어떤 사람인가요?

인류 역사에는 언제 어디서나 열성적인 여성과 남성 자연학자(박물학자)들이 존재했습니다. 그들 대부분은 공교육으로 지식을 쌓지 않았습니다. 자연학자들은 실험실이나 교실이 아니라 야외에서 가장 많은 것을 배웁니다. 개미와 쥐며느리부터 수선화와 단풍나무, 성게와 고래에 이르기까지 모든 것에 관심을 갖는 만물박사지요. 자연학자에게 배움이란 관찰하고 숙고하고 기록하고 조사하고 질문하는 등 다양한 방식으로 배우려는 호기심과 의지에서 비롯되는 것입니다.

자연 관찰 일기를 쓰는 사람은 야외에서 하루 종일 머리를 긁적이며 "대체 이게 뭘까?"라고 자문하던 위대한 자연학자들의 전통을 계승하는 셈입니다. 플리니우스, 아리스토텔레스, 코페르니쿠스, 레오나르도 다빈치, 칼 린네, 찰스 다윈, 레이철 카슨, 애나 보츠퍼드 컴스톡, 제인 구달, 에드워드 O. 윌슨은 우리도 잘 알지요. 하지만 비서구 국가와 문화권에서도 많은 자연학자들이 풍부한 저작을 남겼답니다.

> 자연학자는 호기심 어린 눈빛으로 이리저리 헤맨다. 잠시 멈춰 서서 대초원에 피어난 할미꽃을 바라보며 생각에 잠긴다. 아리스토텔레스 이전 시대까지 거슬러 올라가는 전통이다. 지구의 무수한 생명체를 관찰하고 구분하며 그들 간의 연결고리를 발견하는 것이다. 영국의 자연학자 미리엄 로스차일드에 따르면 이런 호기심을 지닌 사람들에게 "인생은 아무리 길어도 모자란다".
>
> 존 헤이
> 《호기심 많은 자연학자》

애벌레를 곁눈질하는
♂아메리카흑조

찌르레기사촌 ♂

묘석 위의 황금방울새
검은색과 금색 무늬

조류 관찰자들의 흔한 자세
다리 사이에 휴대용 도감을 끼고 있다

일을 멈추고 시간을 내어 동부큰딱새를 관찰하는 사람들.
처음 보는 사이에도 미소를 주고받는다

자연 관찰 일기의 장점

세상을 살아가며 본 것을 관찰하고 일기장에 기록하는 것만으로 비교적 손쉽게 자연과의 유대감을 느낄 수 있습니다. 일기는 밖에 나가 날짜와 날씨, 계절의 징후를 살피며 '빈둥거리기' 위한 좋은 핑계지요. 사람들은 나더러 날마다 일기를 쓰느냐고 묻곤 합니다. 그렇진 않아요. 누구나 그렇듯 나 역시 바쁜 사람이니까요. 하지만 일기를 항상 곁에 두면 저녁식사 중에 창밖으로 보인 것들을 바로 기록할 수 있습니다. 어느 여덟 살 아이가 야외에서 자연 관찰 일기를 쓰고 나서 말했듯 "이제 오늘 볼 건 다 봤네"라고 말할 수 있지요.

● 플러그를 뽑고 다시 연결하기

우리가 자연에 몰두하지 못하게 방해하는 것들이 많습니다. 직장일, 가족 간의 도리, 고역스러운 출퇴근길, 재정적 근심, 인터넷을 하다 보면 피할 수 없는 별의별 정보와 오락거리… 이 세상을 살아가기가 벅차게 느껴질 때도 있지만, 많은 이들이 세상과의 연결감을 회복하고 싶어 합니다. 지구 곳곳의 온갖 격변과 불안한 상황 속에서도 나는 자연과 주변 만물에 대한 감각이 주는 회복력을 실감합니다.

나는 오랫동안 야외에서 구름, 나무 모양, 소나기, 나비, 까마귀, 석양, 거북이, 수선화를 관찰하는 사람들을 지켜봐왔습니다. 다들 보고 듣고 느끼고 배운 것을 종이에 옮기는 데 몰두하며 즐거워했습니다. 잠시 앉아 주위의 자연을 바라보며 가만히 교감하기만 해도 스트레스가 풀리고 정신이 맑아지며 마음도 평온해집니다.

요즘 아이들은 학교에서 쉬는 시간이 점점 줄고 집에 와도 밖에 나가 노는 일이 드뭅니다. 아이들을 가르치다 보니 잠시라도 야외에 나가면 나이를 떠나 모든 아이가 조용해지고 놀라운 집중력으로 내가 지금까지 못 본 것들을 발견한다는 것을 깨달았습니다. 나는 한번에 15명 또는 25명을 가르치는데 다들 얼마나 얌전한지 감탄하곤 합니다. 교사들에 따르면 아이들이 자연을 관찰하고 탐사하고 쓰고 그리는 시간을 보낸 후 교실로 돌아오면 집중력이 좋아진다고 합니다. 자연에 대한 아이들의 타고난 관심은 언제 봐도 놀랍습니다. 심지어 "점심 안 먹고 계속 밖에 있으면 안 돼요?"라고 조르는 아이도 있었답니다.

폭풍우 치고 눈 내리는 날에도, 하늘에 구름이 끼고 온 세상이 분쟁으로 시끄러운 날에도 마음속에 태양을 품으세요.

365일 동기 부여 달력에서

5/10, 8:10pm
집에서 저녁을 먹다 본 창밖 풍경
북녘 멀리 저무는 석양

운동장에서 새끼를 등에 업은 늑대거미를 발견한 3학년 아이들:
"정말 짱이다!"
"엄마는 용감해!"

미국 야생동물연합 회의
뉴욕주 애디론댁산맥
실버 베이

97.7.9. 2pm
비가 쏟아지는 날
발코니에서
그림 그리기 + 물안개
다 함께 그림을 그리며 이야기꽃을 피우다…

> 자연과 가까워지고 자연의 혜택을 누리기 위해
> 반드시 바깥세상으로 나올 필요는 없다.
>
> 헬렌 맥도널드, 《메이블 이야기》

점점 더 길어지는
참나무와 풍나무 그림자

그 속에
잠시 조용히 앉아 있으면
들려오는 새 소리와 자연의 소리

10분만 귀 기울이면
선불교의 깨달음이 찾아온다

- 느리게 보낼 시간 만들기

정신없는 현대 사회에서 숨을 돌리고, 주위를 관찰하고, 하루하루를 온전히 만끽할 공간과 시간을 확보하기란 쉽지 않습니다. 일기를 작성하면 하루에 10분이든, 혹은 주말마다 한 시간이든 짬을 내어 세상을 깊이 인식하고 주변의 현상들을 돌아볼 기회(혹은 핑계)가 생깁니다. 우리의 삶은 물론 인간과 비인간을 포함해 주위의 모든 생명을 세심히 관찰할 수 있습니다. 이런 관찰로 얻은 지식은 우리가 날마다 접하는 세상에 대한 통찰과 관심을 넓혀주기에, 더욱 만족스럽습니다.

하고 싶은 일이 있지만 시간이 없다고 말하는 사람들이 참 많습니다. 하지만 정말로 원한다면 시간은 어떻게든 생긴답니다! 잠시나마 채집한 자연물, 밤하늘, 꽃병, 잠든 아이의 얼굴, 반려견 등을 스케치할 시간을 일정표에 기록해두세요. 화요일 밤 9시에서 9시 15분, 아니면 목요일 오전 6시에서 6시 45분도 좋아요. 일주일에 한 번이나마 차분한 시간을 보낼 수 있을 거예요!

- 시간을 두고 한 장소를 지켜보기

자연 관찰 일기는 우리를 특정한 장소와 연결하고 그곳에서 우리의 역할을 깨닫게 합니다. 요즘은 많은 사람들이 이리저리 옮겨 다니며 살지요. 그러다 보니 지금 사는 곳의 풍경이 어떻게 만들어졌는지, 인간 외에 어떤 생물이 사는지, 과거에는 어떤 이들이 살았는지, 그곳이 어쩌다 지금처럼 변했는지 잘 모르고, 생각해보지도 않아요. 도심에 살다 보면 도시 환경도 자연의 일부라는 사실을 잊기 쉽습니다. 하늘을 올려다보고 따스한 햇볕을 쬐고 새를 관찰하는 법을 잊어버리죠. 시골에 사는 사람조차도 바쁜 일상에 쫓기다 보면 숨을 돌리고 주위를 둘러볼 여유를 놓치곤 합니다.

일기장을 종종 들춰보며 거기 기록한 감정을 되돌아보세요. 그 감정이 그대로인지, 아니면 시간이 지나며 변했는지 생각해보세요. 궁금했던 점들도 확인해보세요. 새로운 연구나 관찰 아이디어가 떠오르진 않았나요? 자연의 변화에 주목하세요. 올해 어치 개체수가 줄었나요? 외래종 식물인 마늘냉이가 늘었나요? 이 개울은 물이 어떻게 흐르나요? 저 습지 근처에 새로운 쇼핑몰이 들어선다면 생태계는 어떻게 변할까요? 어떤 장소를 마지막으로 찾아간 이후 여러분의 삶은 어떻게 바뀌었나요?

> 가끔은 온전히 자유롭게 거닐어야 한다. 흘끗거리거나 꼬치꼬치 캐묻거나 뭔가를 보는 데 너무 연연하지 말고 하나의 확장, 영감을 불어넣어 주는 단 한 번의 심호흡을 위해 하루를 꼬박 낭비할 수 있어야 한다. (…) 잠든 세상의 지극히 가냘픈 숨소리도 놓치지 않을 만큼 고요히 거닐어야 한다. (…) 자연이 우리 바로 곁에서 지켜볼 것이다. 우리에게 작디작은 풀잎과 눈높이를 맞추고 곤충의 시선으로 평원을 바라보라고 초대할 것이다.
>
> 헨리 데이비드 소로

리디아와 내가
마스크를 쓰고
마시 브룩을 걸어가는데
갑자기 마멋이
우리 앞을 가로질러 달려갔다
(미쳐 돌아가는
인간 세상에는 아랑곳없이)
5/5, 4:30pm

* 볼펜은 정말 편하고
유용한 그림 도구다! *

내게 소중한 공간

이 책에 실은 그림 상당수는 마운트오번 묘지에서 그렸습니다. 계곡과 습지, 숲과 연못이 175에이커(0.7제곱킬로미터)에 걸쳐 펼쳐진 미국 최초의 조경 묘지이지요. 1831년에 설립된 매사추세츠 원예협회 회원들이 조성한 공간으로, 오늘날까지도 케임브리지와 워터타운에 둘러싸인 공동묘지이자 최고의 수목원으로 명맥을 이어가고 있습니다. 일 년 내내 누구에게나 무료로 개방된 휴식 공간입니다.

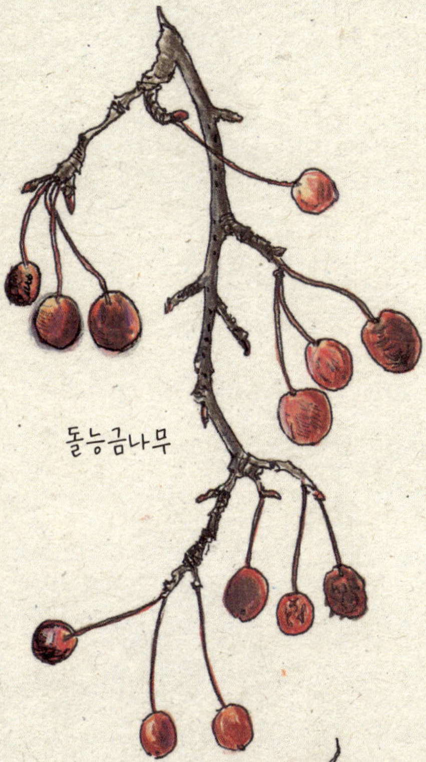

돌능금나무

유럽너도밤나무

알능금나무

노르웨이단풍나무

나는 이 잘 가꾸어진 자연을 즐겨 찾습니다. 명상하고, 자연 관찰 일기에 그림을 그리고, 해마다 계절 변화에 유유히 장단을 맞추는 생명의 맥동을 느낍니다. 케임브리지의 우리 집에서 6분 안에 찾아갈 수 있는 한적하고 고요한 도피처입니다.

거미줄을 치는 호랑거미, 울음소리로 영역을 지키는 개똥지빠귀, 나무 구멍 속에서 빈둥대는 미국너구리, 맨눈으로 보고 그릴 수 있을 만큼 가까이까지 날아오르는 이곳의 텃새 붉은꼬리매, 봄마다 하늘에서 퍼레이드를 펼치는 것으로 유명한 솔새도 빼놓을 수 없지요. 나는 이들을 만나기 위해 계속 이곳을 찾아옵니다. 이제는 내 손녀들도 데리고 와서 특별한 장소와 연결되는 기쁨을 나눈답니다.

헤이즐과 리디아는 마운트오번을 찾아가서 주위를 둘러보고 그림을 그리길 좋아합니다. 아이들의 친구 올레도 함께한 아름다운 봄날의 추억입니다.

4/30 일요일
해돋이 5:41am
해넘이 7:43pm
→ 일조시간 14시간 2분
달이 나온 밤

1. 거북 5마리
2. 큰캐나다기러기 2마리
3. 청둥오리 2마리
4. 칠면조 4마리 (더 나올 것임)

5. 신록이 물드는 중
6. 올해 첫 푸른부전나비!
7. 잎눈 나오는 중
8. 별목련, 벚꽃, 매화, 개나리가 핌
9. 주목과 월계수 숲에서 숨바꼭질
10. 그림자놀이
11. 일찍 나온 꿀벌과 토끼들

5월 12일 일요일

눈뜨니 화창한 날씨!
창문을 열어
환한 햇볕을 쬐고
아침 집안일은
잠시 미뤄두고
(10시까지)
봄 철새들이 날아오는
광경을 감상하다
자동차와
조류 관찰자들로
붐비는 마운트오번
"봤어...?"
"어디...?"
"멋진 새 있어?"

"우린 끝내줘."

 어제 해넘이 때
서쪽으로 넘어가던 반달

해돋이 5:30am
해넘이 7:53pm
이제부터 서머타임 적용!

오늘의 채색

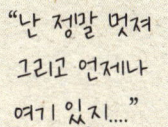
"난 정말 멋져
그리고 언제나
여기 있지...."

검은색 →

13센티미터
블랙번솔새
주황색

회청색 →

13.3센티미터
검은목푸른솔새
검정 + 흰색

울새, 찌르레기, 홍관조,
황금방울새, 아메리카꾀꼬리,
붉은날개검은새, 붉은배딱따구리,
다양한 솔새와 찌르레기사촌의
노랫소리를 듣다.

＊ 빗방울이 떨어져서 차에 들어가
드로잉. 사방에 새들이 날아다녀서 앞
창 밖이 보이지 않았다.

빠르게 자라는 민들레

새로 난 양치류와 작년의 참나무 잎

> 하루에 10분씩, 짧지만 날카롭고 꼼꼼하게 식물을 관찰하는 습관은 식물학 교과서를 통째로 외우는 것보다 더 가치 있다.
>
> L. H. 베일리,
> 미국 원예학회 공동 창립자(1858~1954)

● 집에서 편안하게

자연을 관찰하기 위해 굳이 어딘가 찾아갈 필요는 없습니다. 실내든 실외든, 어디든 자연은 존재합니다. 산책하면서 채집한 자연물을 (살아 있는 생물이나 사유지에 있는 것은 가져오지 마세요) 집에 와서 테이블에 놓고 그려보세요. 자연 이야기나 여러분이 본 것을 메모할 수도 있습니다.

6/16 6:40pm
온종일 트래킹을 하고
비 내리는 케임브리지로 돌아와
주차를 하고 내렸다.
머리 위에서
특유의 새 울음소리가 들려왔다.

쏙독새가
도심 건물들 위로 날갯짓해 맴돌며
벌레를 잡아먹고 있었다.
(이 지역에서는 몇 년 만에 본 광경이다!)

3/13
내 스노드롭 꽃

자작나무 + 포플러나무
나무껍질과 풀로 엮고
안에는 솔잎을 깔았다.

헤이즐과
내가 설탕단풍나무에서 채집한
붉은눈비레오새 둥지
2019/12/30

마음 챙김을 위하여

최근 들어 인생의 온갖 스트레스를 어떻게 줄이고 물리치고 해소할지 고민하는 이들이 늘었습니다. 많은 사람들이 쌓여가는 일거리를 외면하다가 폭발하고 말지요. 나는 동네 명상 센터에 다니지만 가부좌를 틀고 방석에 앉아서 명상을 하지는 않습니다. 자연 관찰 일기를 통해 내게 필요한 지혜와 명상을 충분히 얻을 수 있으니까요. 일기장이 내게 "밖으로 나가요", "5분만 멈춰서 심호흡을 해요", "고개를 들어 창밖을 봐요"라고 말을 건네 오지요. 그러면 일기장을 들고 나가서 걷거나 앉아 명상을 합니다. 자연과 교감하는 것이 나의 마음 챙김 수행입니다.

누구나 알듯이 인간은 자연과 연결되기를 갈망합니다. 자연 관찰 일기는 야외를 거닐며 마음 챙김, 명상, 삼림욕, 위안, 고요함, 웰빙 등 스트레스 해소와 관련하여 유행하는 모든 주제를 체험할 기회가 됩니다.

학생들은 내게 이렇게 말하곤 합니다. "자연 관찰을 하면 마음이 차분해져요." "내가 그림을 잘 그렸는지 걱정하기보다 원추리 꽃을 바라보는 게 더 좋았어요." "그림을 그리고 있는데 호랑나비가 날아와서 꽃 꿀을 빨았어요!" 시간을 내어 사물을 찬찬히 바라보는 것은 바쁜 일상을 벗어나 휴식하는 좋은 방법입니다.

● 치유를 위한 공간

자연 관찰 일기는 사적인 일들을 적어두는 일기장은 아니지만 자연에 감화되고 자연과 교류하며 느낀 감정을 보존해줍니다. 나는 오래 전부터 이런 순간에 대해 '자연의 경이', '각성의 순간', '구름 뒤의 햇빛' 등 다양한 표현을 써왔지만, 가장 선호하는 표현은 '오늘의 특별한 이미지(Daily Exceptional Image)'입니다(96쪽 참조). 요즘은 하이쿠를 지어 단상을 포착하기도 합니다. 일기장에 글을 쓰거나 그림을 그리는 행위는 훗날 특별한 순간을 기억하는 데 도움이 되기도 하지만 그 자체로 즐겁습니다. 다른 사람들과 그 순간을 공유하는 기쁨도 있고요. 내 제자, 친구, 가족, 편집자도 문자, 메일, 전화로 그들의 소중한 순간을 내게 나눠주곤 합니다.

1978년부터 써온 자연 관찰 일기를 들춰보며 해마다 조금씩 변했거나 변치 않은 주변 풍경을 살펴보면 정말 즐거워집니다. 수십 년간 바뀌고 진화해온, 혹은 그대로 남아 있는 나와 가족들 삶의 단면도요. 그러고 보면 자연 관찰 일기야말로 내 단짝 친구인 셈이죠. 내 모든 것을 평가하지 않고 있는 그대로 받아들여주니까요.

사과나무 꽃잎

참나무에 새로 돋은 부드러운 잎

만발한 산딸나무 꽃

자연은 내 피부색에 신경 쓰지 않는다. (…) 그럼에도 내 피부색은 자연에 대한 나의 사랑에 그림자를 드리우곤 한다.

J. 드루 랜엄,
《마음의 고향: 유색인 남성의
자연 사랑 이야기》

2/7 금요일 1pm 마운트오번

4도
비 오고 따뜻함
(올해 1월은 세계적으로
역대 최고 기온을 기록했다)
남극에서는 따뜻한 날씨로
거대한 빙상이 녹았지만
버몬트에는 새로 눈이 내렸다.

일찍 일어나서 편집을 하고
우편물 발송을 마치고
J와 A에게 저녁을 차려주었다.
어제는 J, E, 헤이즐, 리디아를
공항에 태워다주었다.

이런저런 용무를 처리하는 사이
마운트오번으로 드라이브하며
창밖으로 겨울의 색과 형태,
고요한 풍경을 내다보면
머릿속 잡념들이
서서히 사라져간다.

잠잠이 조용한 단상을 즐겼다.

다들 인간 세상에는 아랑곳하지 않는다…

얼마 전 얼음이 녹은 연못에 청둥오리 5마리가 떠 다닌다. 올겨울에는 처음 보는 광경이다. (이미 늦겨울인가?)

습지 가장자리에서 꼼짝 않는 오리 위로
아직 덜 자란 큰왜가리가
퍼덕이며 날아간다…
오후 1시 30분에는 오늘의 나머지 일과로 돌아갈 만큼
마음의 평화가 회복되었다.

내 자연 관찰 일기의 '보고 그리기' 페이지입니다.
무엇을 발견할지 전혀 모르는 상태에서 예상치 못한 기쁨을 선사하는 대상이라면 뭐든 좋습니다.
그대로 종이에 옮기는 거죠.

여행의 기록

여행 중에만 일기를 작성하는 사람도 있습니다. 짧은 주말 하이킹부터 몇 달, 몇 년에 걸친 세계 일주까지 모든 여행을 기록합니다. 돌아올 때 사진 말고도 남은 것이 있다면 좋겠지요. 여행 일기를 남기면 스냅사진으로는 담기 어려운 것들까지 돌아볼 수 있습니다. 장소를 묘사하고, 동식물을 관찰해 스케치하고, 본 것을 나중에 떠올리는 데 도움이 될 모든 명칭을 적어두세요. 여행 일기는 여정이 끝난 한참 후에도 되돌아갈 수 있는 추억의 장이니까요.

여행 일기는 보통 하루 일정을 마치고 저녁에 짬을 내어 쓰게 됩니다. 하지만 일정 중에, 심지어 이동하면서 일기를 쓸 수도 있습니다. 미니애폴리스 방향 고가도로를 달리다 길가에 나온 마멋을 본 기억이 나네요. 그 순간을 남겨두기 위해 운전하는 동생 곁에서 펠트펜으로 스케치를 했지요.

마멋이 자기 뒤뜰을 파헤치는 모습은 당당하기 그지없다. 설사 그곳이 아스팔트로 포장된 고속도로라도!

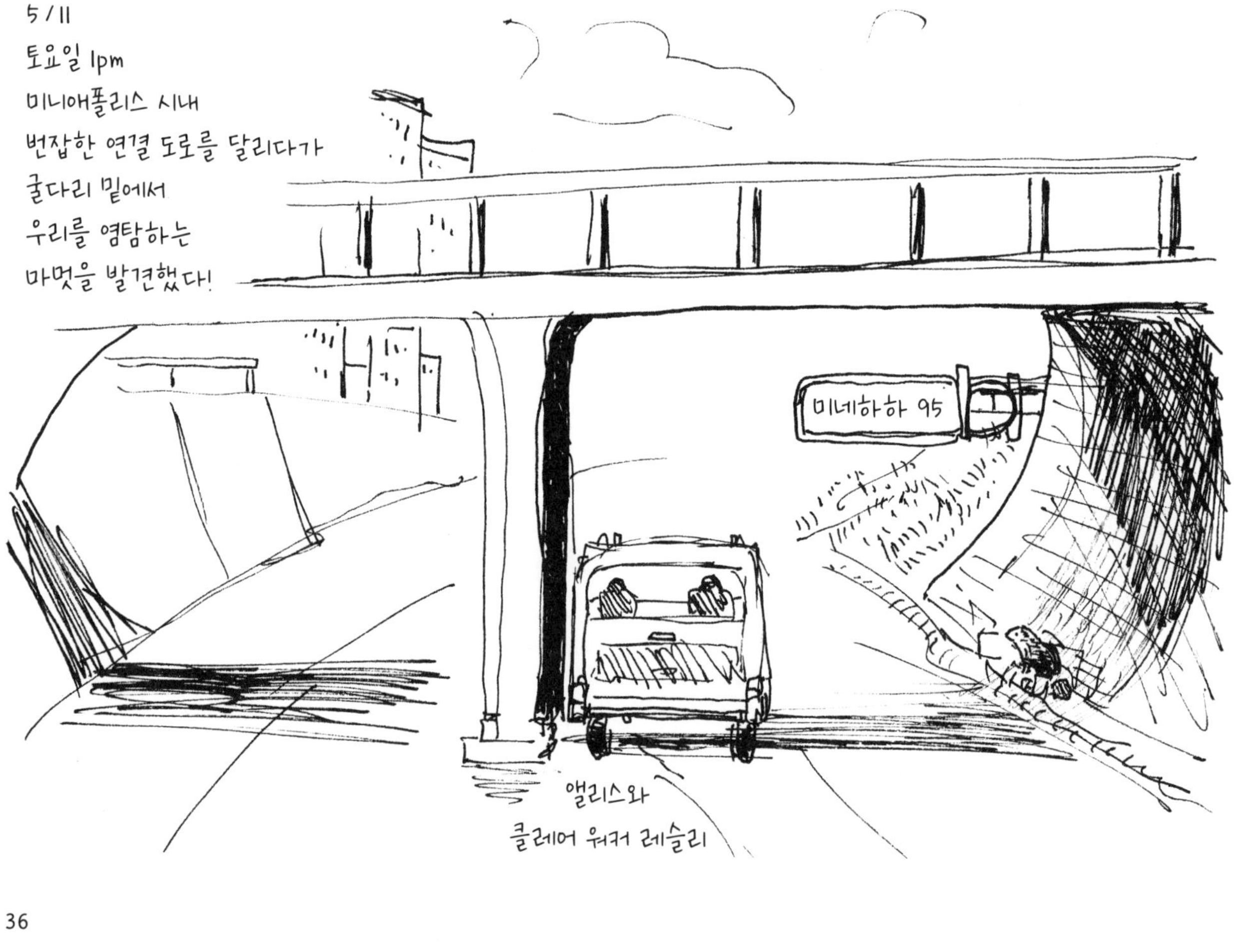

5/11
토요일 1pm
미니애폴리스 시내
번잡한 연결 도로를 달리다가
굴다리 밑에서
우리를 염탐하는
마멋을 발견했다!

앨리스와
클레어 워커 레슬리

미네하하 95

뉴베리포트 하버
9/20 5pm

비 내림 20도
1/2 만조

검둥오리 몇 마리

뉴베리포트 하버
10/21 3:40pm 21.1도 만조

큰캐나다기러기
다양한 갈매기

아직 남은
큰노랑발도요 3마리

오랫동안 같은 장소를 지켜보노라면 자연의 끊임없고 미묘한 변화를 인식하게 됩니다.

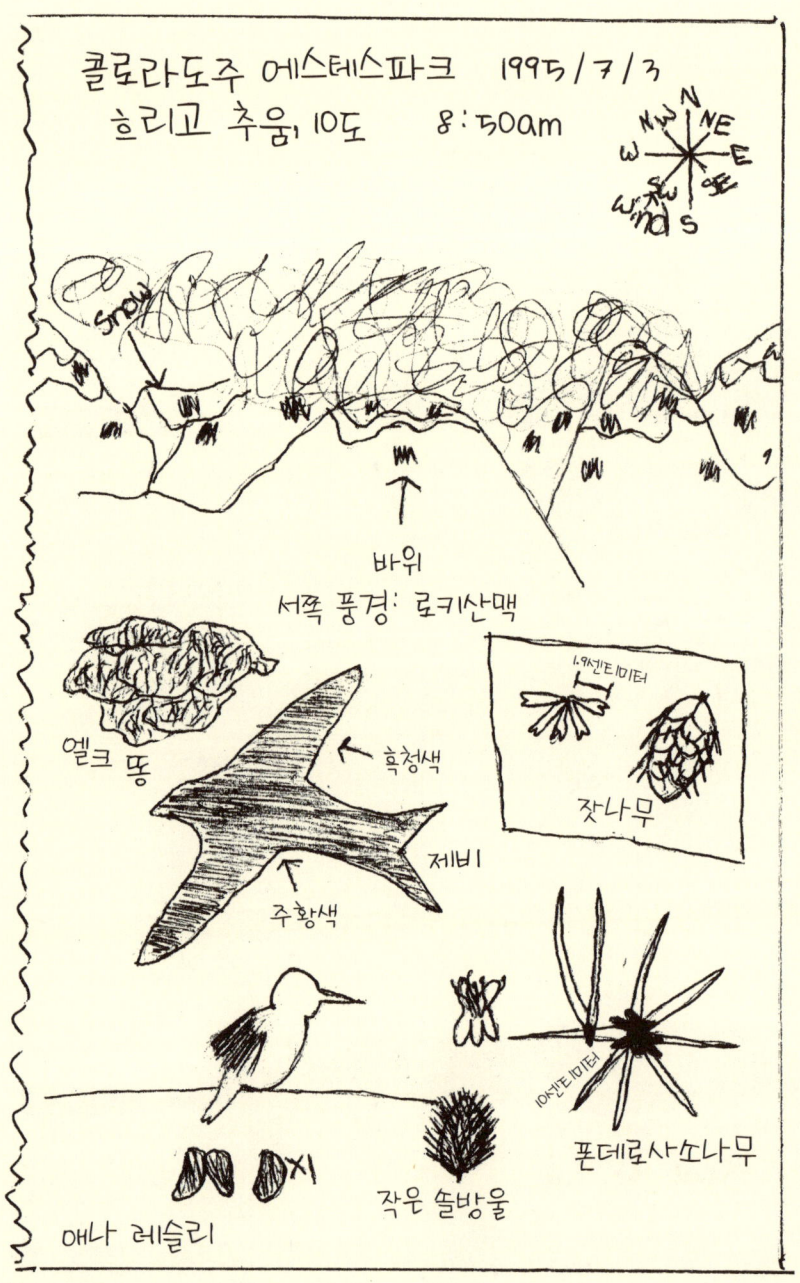

자연 관찰 일기를 통해
여행 중 쉬는 시간에 아이들의 참여를 유도하며
주변 사물을 관찰하고 기록하게 이끌 수 있습니다.

● **공동 일기**

가족이나 친구들과 함께 여행한다면 공동 일기를 작성해보세요. 각자 관찰한 내용을 원하는 형식으로 공유할 수 있고, 모든 내용을 하나의 이야기로 합칠 수도 있습니다. 여행 일기에 지도나 엽서, 사진, 압화 등의 기념품으로 구체적인 정보를 추가해도 좋습니다.

● **아이들과 함께하는 시간**

아이들이 여행 중에 한 일과 본 것을 일기로 남겨 훗날 다른 사람들과 공유하게 하세요. 내 딸 애나는 열 살 때 엄마와 함께 로키산맥 국립공원에서 열린 야생동물연합 보존 회의에 참가하여 일주일 동안 자연 체험을 했습니다. 내가 강의하는 동안에는 또래 아이들과 함께 지냈는데 다들 자연 관찰 일기를 썼어요. 수년이 지났지만 애나는 여전히 그때의 그림을 보며 즐거웠던 여행을 떠올린답니다.

● 사진보다 생생하게

스티븐 린델의 모뉴먼트 밸리 여행(오른쪽 그림)과 앤 갬블의 갈라파고스 제도 여행(아래 그림)은 스케치로 경험을 보존한 좋은 사례입니다. 스케치는 종종 사진으로 담아낼 수 없는 것들을 포착해줍니다. 우리가 관찰한 것들을 새로운 방식으로 연결해주지요.

웨스트미튼 뷰트 & 이스트미튼 뷰트
나바호 원주민 보호구역 모뉴먼트밸리

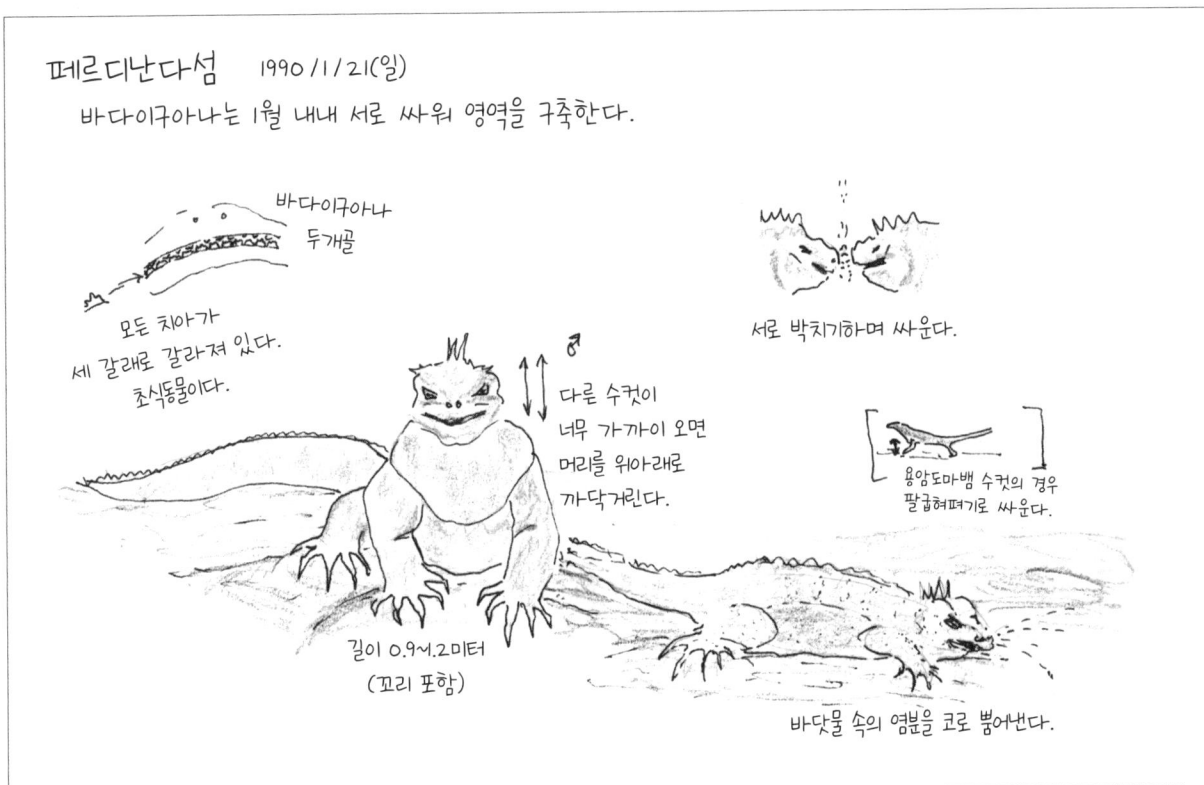

그림을 그리면 사물을 더 잘 보게 됩니다. 눈앞에 있는 것이라도 제대로 바라보아야 그릴 수 있으니까요.
나는 갈라파고스에 일기장을 가져가서 본 것을 전부 그렸기 때문에
지금도 여행의 상당 부분을 생생하게 기억합니다.
일기를 꾸준히 쓴 덕분에 몇 년이 지난 후에도 많은 것을 또렷이 떠올릴 수 있지요.

앤 갬블, 자연 관찰 일기 학생

진정으로 관찰하는 법 배우기

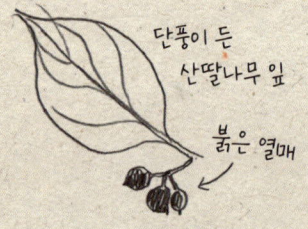

사람들이 내게 "난 자연은 전혀 몰라요. 어디서부터 시작할지 모르겠어요"라고 말하면 나는 이렇게 대답하곤 합니다. "저도 처음에는 참나무 잎과 단풍나무 잎도 구분 못했는걸요!" 더 알고 싶다는 마음이 중요합니다. 호기심을 갖고 배울 방법을 찾으면 됩니다. 아무것도 모르는 자신에게 너그러워지세요. 여러분을 기꺼이 도와줄 사람이 많습니다. 도서관 사서, 자연 센터 직원, 과학 및 환경 교사, 혹은 새 모이통을 채워놓거나 낚싯대를 들고 다니는 이웃에게서도 배울 수 있어요. 자연 관련 잡지, 학술지, 서적을 읽고 지역 또는 전국 환경 단체에 가입하세요.

내 경우 책으로 자연을 배우기 시작했습니다. 초창기 스승으로는 비어트릭스 포터, 어니스트 셰퍼드, 린 포트블릿, 밥 하인스 등의 동물 일러스트레이터와 에드윈 웨이 틸, 알도 레오폴드, 헨리 데이비드 소로, 레이철 카슨이 있었지요(나는 성인 대상으로 수업을 할 때마다 카슨의 《센스 오브 원더》를 읽어보라고 추천합니다).

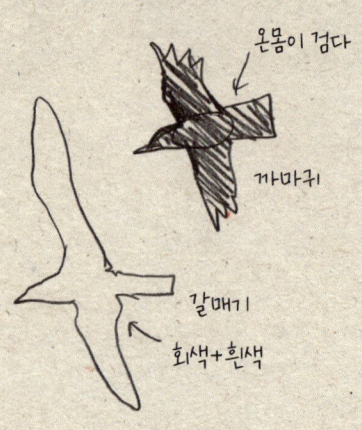

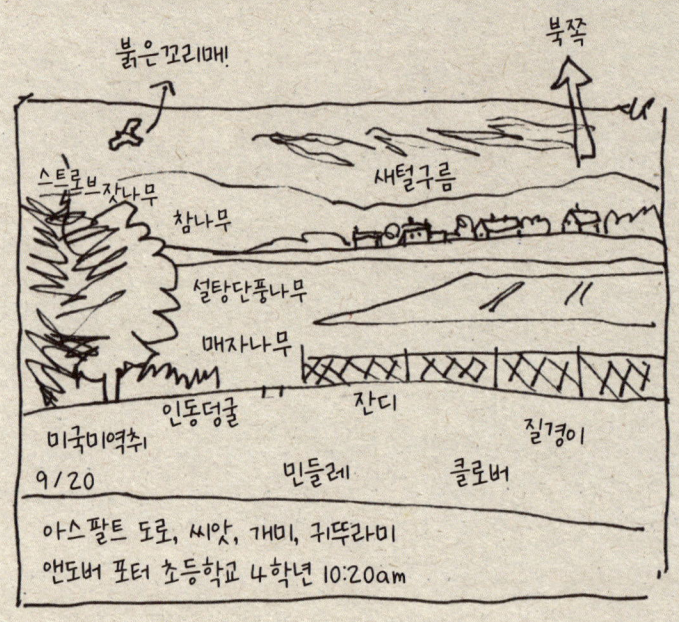

모르는 것을 확인하려고 야외에서 오래 머물 필요는 없습니다. 메모해두었다가 나중에 자연 도감을 찾아보세요.

풍경을 빨리 기록하려면 3×5인치 프레임에 담으세요. 사물의 형태만 간단히 그리고 이름을 아는 자연물은 적어둡니다(풍경을 그리는 자세한 방법은 184쪽을 참조하세요).

1/24
윌리엄스 대학교 캠퍼스
매사추세츠주 윌리엄스타운
월요일, 2:30pm
2도 +!
(오늘도) 흐림
 진눈깨비
  따뜻한 날씨에 녹은 눈
적설량 30~35센티미터 유지

보름달 1/27

산책 중에 본 것들:

노랑말채나무
←
저지대 습지에서 발견 
↓
이 계절에 꽃이?

사방에 고드름

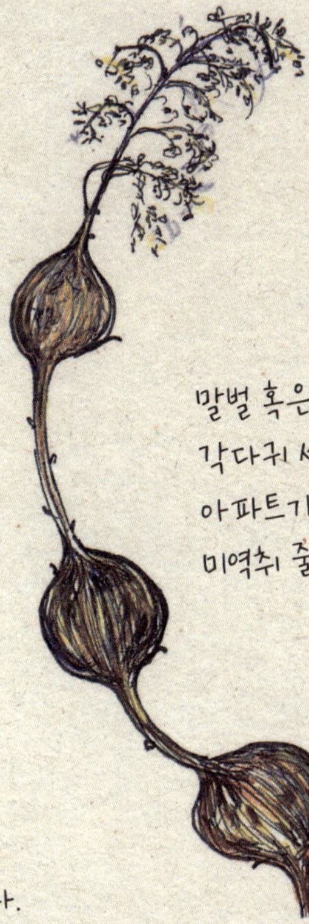

말벌 혹은
각다귀 세 마리의
아파트가 된
미역취 줄기

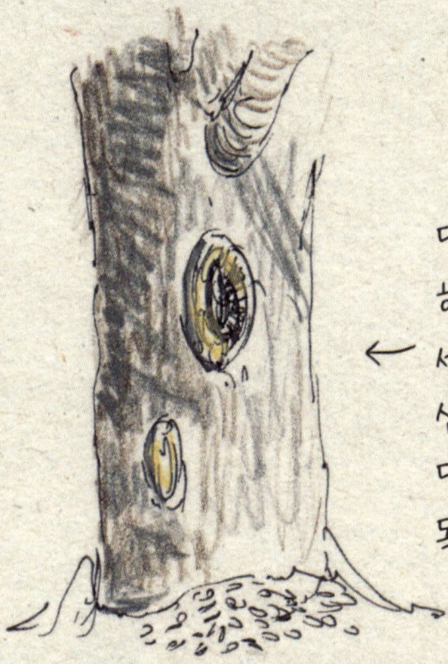

댕기딱따구리
하나가 캠퍼스 안
← 세 곳을 돌아다니며
신나게 나무를 쪼았다.
단풍나무, 스트로브잣나무,
독일가문비나무까지…!

바람 없는
날씨를 즐기며
날아다니는 까마귀들

| 자연 관찰 연습 |

네브래스카주 오마하의 고등학교 생물 우등 과정 교사인 론 시저는 학생들에게 일주일 동안 관찰 일기를 작성하게 했습니다. 학생들은 "그림 하나가 말 천 마디만큼 중요하다"는 것을 배웠지요. 간단한 기록이지만 정말 즐거웠고 관찰력도 한층 날카로워지는 것을 느꼈다고들 합니다.

10월 10~14일

월요일 저녁 6시경. 바람이 불어 나무가 흔들리고 햇살이 비친다. 낙엽이 우수수 떨어지는 광경을 지켜본다. 당연하게도 나무들은 거의 헐벗었다.

10월 11일 화요일, 6:30 pm

하늘을 관찰하다가 남쪽으로 날아가는 새들을 보았다. 열 마리가 완벽한 U자 모양을 그리고 있었다. 무슨 종인지는 확인하지 못했다.

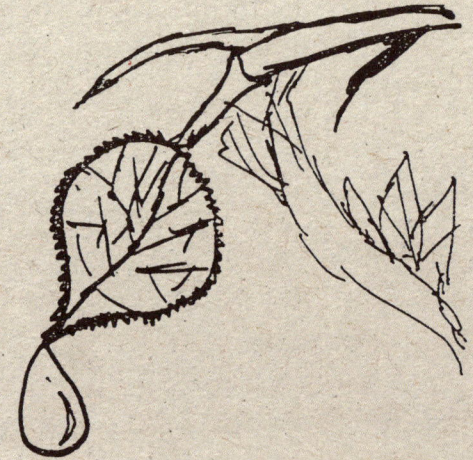

10월 12일 수요일, 7:00 am

아침 나뭇잎 끝에 매달린 빗방울을 볼 수 있었다.

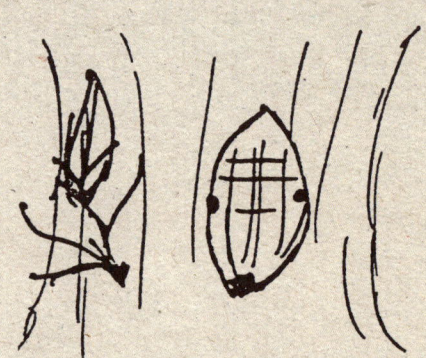

10월 13일 목요일, 9:45

특이하게 생긴 번데기가 나무에 매달려 있는 걸 보았다. 회색이고 털이 보송보송했다.

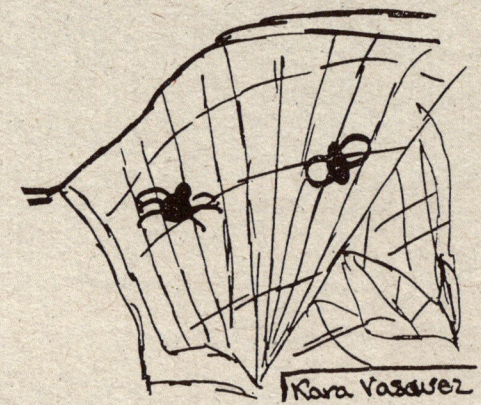

10월 14일 금요일, 7:30 pm

집 근처 나무에 줄을 치는 거미를 구경했다. 5분 만에 벌레 하나가 거미줄에 걸려들었다.

포트 마이어스

해돋이 6:40am

새벽부터 새를 관찰하는 사람들

플로리다주 새니벌섬
3/7 북미 환경교육협회 컨퍼런스
6:30am 낸 JJ와 바닷가 산책

철썩대며 밀려드는 파도 소리
물새들의 끼룩끼룩 울음소리
나부끼는 야자수 잎 + 해초

겨울 털갈이를 마친 도요새
34센티미터

날아가는 펠리컨들

실물 크기 성게

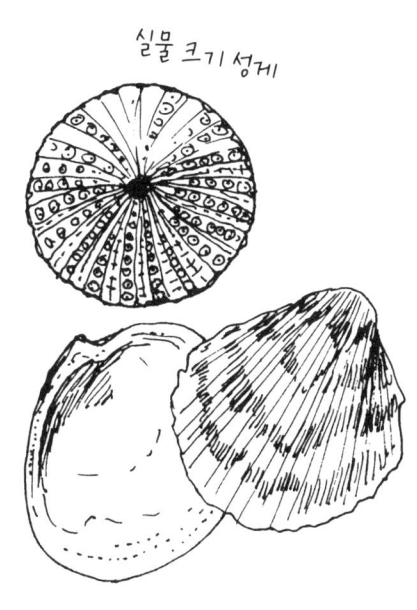

● 환경의 취약성에 관하여

플로리다주 새니벌섬에서 열린 환경 교육자 컨퍼런스에 참가해 그린 스케치입니다. 새니벌섬은 이국적이고 아름다우며 다양한 새와 동물이 서식하지만 인간의 난개발에 직면해 있습니다. 컨퍼런스는 에어컨과 이중창이 설치된 호사스러운 대형 호텔에서 열렸습니다. 참가자들은 대부분의 시간을 실내에 머물며 스크린을 보고 프레젠테이션을 들었습니다. 학생들의 환경 의식을 일깨울 방법을 주제로 토론도 진행되었지만, 나로서는 의구심을 느낄 수밖에 없었습니다. 우리 참가자들이 그 취약한 전초기지에서 어떻게 지냈는지 생각해보면 말이지요. 밖에 나가 해변 생물들을 그리다 보니 우리가 그곳에 끼친 영향을 되돌아보게 되었습니다.

시민 과학에의 참여

이 책이 처음 나온 1999년 이후로 환경 연구에 새롭게 등장한 두 가지 용어가 있습니다. 바로 '시민 과학'과 '생물 계절학'입니다. 시민 과학자, 즉 아마추어 자연 관찰자는 언제 어디에나 존재해왔지만, 현장 연구에서 자원 봉사자들의 특정한 기록 방식을 참고하는 전문가들은 최근 들어 점점 더 이 용어를 즐겨 쓰고 있습니다.

생물 계절학이란 계절에 따른 날씨 변화, 식물의 성장, 동물의 행동 등 다양한 자연 현상 데이터를 지속적으로 수집하는 것입니다. 아마추어 및 전문 관찰자들은 나무에 잎눈이 돋고 잎과 꽃이 피는 구체적인 날짜를 기록합니다. 봄철 곤충의 귀환, 철새의 도착과 출발, 짝짓기와 둥지 만들기, 지역 동물의 겨울나기 준비와 다음해 봄의 출현 시기도요.

이런 데이터가 점점 더 중요해지는 이유는 무엇일까요? 과학자들이 미래의 환경 문제를 이해하고 해결하려면 정상적이든 비정상적이든 변화의 증거인 기후 데이터를 확보해야 합니다. 예를 들어 빙하 후퇴와 영구 동토층 소실을 장기간 연구하면서 가뭄과 홍수가 점점 더 심각해지고 있다는 사실이 분명해졌지요.

● 자연 기록자로 등록하세요!

자연 관찰 일기 쓰기는 독자적인 생물 계절학 연구로 시민 과학자가 될 기회입니다. 자연 환경의 현 상태를 기록하고 '일반인'의 도움과 참여도 환영하는 연구소가 미국뿐만 아니라 전 세계 곳곳에 있습니다. 보스턴 근교의 매너밋 보존과학 센터, 뉴욕주 이타카의 코넬 조류학 연구소, 그 밖에도 세계의 여러 학교, 대학, 센터 및 단체가 어획량, 해수면 상승, 강우 주기, 철새의 이동 패턴과 같은 기후 변화 지표를 세심하게 기록하고 보관합니다.

지구의 미래를 생각하면 무력해지고 불안하다는 사람이 많습니다. 주위에서 일어나는 일들을 더 잘 이해하기 위한 행동에 나서보세요. 무엇이든 실제로 행동하고 있다는 인식은 무력감과 불안을 달래는 데 도움이 됩니다.

레슬리를 위한
생물 계절학 데이터

레지노사소나무, 독일가문비나무
인공 조림지 약 5만 제곱미터
버몬트주 그랜빌

1. 야산고비
   높이 30센티미터
   2016/8/2
   (2017/8/7
   확인 결과 더 늘어남)

2. 루브라참나무
   묘목 1그루 새로 심음
   2016

3. 듣다: 새 소리 없음
   청설모 1마리
   매미 1마리

4. 펄쩍 뛰어 사라진
   암갈색 송장개구리
   2.5센티미터

5. 민들레
   미나리아재비
   괭이밥
   매우 큰 물봉선화
   * 공터가 늘어남

버몬트주의 우리 소유지에서
2006년과 2016년에
솎아베기를 했습니다.
나는 수년 동안
그곳의 환경 변화를 살피며
새로 나타났거나 평소와 다른
식물을 기록해왔습니다.
이런 식으로 서식 생물을 점검하고
무심히 지나치기 쉬운 사소한
변화까지 확인할 수 있습니다.
시민 과학자가 할 수 있는 일의
좋은 본보기입니다.

과학 연구를 위한 일기 쓰기

매사추세츠주의 예술가이자 자연학자인 마시 마르첼로는 글과 스케치로 자세한 관찰 기록을 남겨왔습니다. 옆의 그림은 큰왜가리 서식지 관찰 기록입니다.

"나는 자연 관찰 일기를 좋아합니다. 글쓰기와 그림 그리기, 자연에 대한 열정을 역동적이고 창의적으로 융합할 수 있으니까요. 사실 내가 쓰는 일기는 세 가지입니다. 하나는 나 자신의 성장을 성찰하기 위한 것이고, 두 번째는 매일 관찰한 새와 동물을 기록하기 위한 것입니다. 세 번째는 스케치 일기로 그림에 집중하되 현장에서 메모한 내용도 있습니다. 대체로 즉각적이고 개인적인 반응이지만요.

나는 청소년 시절부터 어떤 형태로든 일기를 써왔고 일기를 통한 지속적 발견을 소중히 여깁니다. 내게 일기는 자연스러운 표현 과정입니다. 계절이 거듭 바뀌는 동안 자연과 나의 변화를 추적하는 게 즐겁습니다. 종종 과거의 일기를 들춰보며 현재의 생각과 비교하기도 하지요. 이런 과정을 통해 나 자신과 자연을 깊이 들여다보고 정신에 활력을 불어넣을 수 있습니다. 그리고 무엇보다도 항상 새로운 것을 발견하게 됩니다."

새끼 새도 모이를 받아먹으려고 일어날 때 보면 덩치가 엄청나다!

건너편 물가에 큰캐나다기러기 한 쌍이 가만히 앉아 있다. 새끼 두 마리를 데리고 있어서 주위를 엄중 경계한다!

오리 몇 마리가 몇 분 간격으로 한 번에 서너 마리씩 날아간다.

비버가 조용히 수면 위에 떠오르더니 잠시 그대로 있는다. 앞발에 뭔가 들고 갉아먹는 중이다.

창밖을 바라보세요

어디서나 창밖만 내다봐도 자연을 발견할 수 있습니다. 자세히 기록하기 어려운 상황이라면 그냥 지켜보며 숫자를 헤아리세요. 돋아나는 새잎, 까마귀 두 마리, 다람쥐 한 마리, 옆집 수선화, 재미있어 보이는 구름 등을 메모해 두었다가 나중에 찬찬히 돌아보세요. 이런 작업은 어디서든, 심지어 차 안에서도 할 수 있습니다! 장애나 질병 또는 궂은 날씨로 외출하기 어려운 분들에게도 좋은 기회가 될 것입니다.

나는 차 안에 일기장, 그림 및 채색 도구, 쌍안경이 든 소형 배낭을 두곤 합니다. 차에 기름을 넣거나 신호를 기다리는 동안에도 서둘러 관찰하고 스케치할 수 있습니다.

친구와 뒷마당에서 수다를 떨며 그렸습니다.
그림을 그리다 보면 얼마나 많은 것들이 눈에 들어오는지 놀랍습니다!

나만의 스타일 개발하기

일기는 가장 긍정적인 방식으로 우리를 자극합니다. 자기만의 창의성을 탐구하고 세상에 대한 관찰과 경험을 온전히 표현할 기회를 주지요. 스스로 창의성이 없다고 느끼거나 무엇을 관찰해야 할지 모를 수도 있습니다. 하지만 아무도 여러분의 일기를 평가하지 않습니다. 누구나 구름은 그릴 수 있잖아요. 시도해보세요! 구름의 변화를 글과 그림으로 묘사하면서 날씨에 관해 배우게 됩니다.

원한다면 뉴스 기사, 잡지 스크랩 등 다른 매체를 가져와서 생각의 토대로 삼거나 쓰고 싶은 내용을 반영할 수도 있습니다.

떠나보낸 사람이나
사회 문제, 기후 변화를
슬퍼하고 염려해도 괜찮아요.
생각이 가는 대로
마음껏 일기에 적어보세요!

언니가 죽었을 때
마운트오번 묘지에 가서 울었어요.
주변에는 신록과 눈부신 태양,
울새, 다람쥐뿐이었죠.
아무것도 그릴 수가 없어서
그냥 종이에 이렇게 붓질을 하다 보니
마음이 나아졌어요.
짙은 그림자와
환한 햇살을 담아낸 거죠.

여러분도 한번 해보세요.

6/7

Seasonal Notes

주변 관찰을 시작할 때는 지역 간행물의 자연 관련 기사가 도움이 될 수 있습니다. 내 친구가 잡지 〈노던 우드랜즈〉의 '계절 노트'에 몇 마디를 덧붙여 보내주었습니다.

september

Indian cucumber-root's dark berries appear above a whorl of yellow leaves, splashed with a crimson center.

As they feed, orange-and-black **milkweed tussock moth caterpillars** stock their bodies with poisonous cardiac glycosides to protect against predators. As next summer's moths, they'll produce ultrasonic sounds that warn **bats** to stay away.

Bees don't seem to mind how **goldenrod's** sticky pollen clumps in their fur.

Instead of simply changing from green to red, **Canada mayflower** berries have an intermediate phase when they look like fancy speckled jellybeans.

SCARLET WAXY CAPS, BRIGHT AS CANDY APPLES, OFTEN GROW IN MOSS. IF YOU PINCH THEIR GILLS BETWEEN YOUR FINGERS, YOU'LL UNDERSTAND HOW THEY GOT THEIR NAME.

A **black bear** feasts in an apple orchard. Look for scat festooned with red apple chunks.

Blackpoll warblers have been fueling up on late season insects – some have doubled their weight – and they'll soon be on their way. Some will fly as far as the northern edge of South America.

Also producing red berries by the end of this month: **Jack-in-the-pulpit** and **mountain ash**.

Conifercone cap's dainty tan-colored mushrooms rise up from the cones of **eastern white pine**.

There are more **yellow jackets** than at any other time of the year and they don't have much left to do but make trouble.

Late-blooming **fringed gentian** opens only on sunny days. This rare flower grows along riverbanks and other sites with moist soil.

october

That black salamander that you found under a log but can't find in your field book is the dark morph version of a **red-backed salamander**. The species has an extended mating season, from now through early spring.

Carrion-flower's blue berries have ripened. Happily, they don't smell like the summer bloom, which is pollinated by flies.

Pink lady's slipper pods contain thousands of tiny seeds, which are disseminated by wind. The seeds can wait dormant in the soil for years until the right symbiotic fungus comes along.

The semi-transparent, lantern-like husks of **clammy ground cherries** make eye-catching tabletop arrangements. Most of this plant is poisonous, but **wild turkeys** and other wildlife eat the ripened fruit.

Brook trout are spawning. Females often dig their redds near underwater springs.

When out in the woods admiring tree foliage, don't forget to look down. Noticed on one walk: pale yellow **hay-scented fern**, **purple aster**, and the wildly variegated leaves of **hobblebush**.

카누 메도에 곰 배설물이 25센티미터 높이로 쌓였어. 사과가 가득 들어 있대!

올해 두꺼비는 못 봤지만 우리 집 현관 옆에서 청개구리를 봤어. 지금은 사라졌어!

친구네 동네 습지 풀밭에서 이 꽃을 찾았어. 운이 좋았지.

THE CATERPILLAR OF SMEARED DAGGER MOTH DELIVERS A BURNING STING. DON'T SAY IT DIDN'T WARN YOU; ITS MARKINGS LOOK LIKE YELLOW, WHITE, AND RED FIREWORKS ALL GOING OFF AT ONCE.

Puff. **Pear-shaped puffballs**, which grow abundantly on dead wood, are ripe and primed for stomping. The fungal spores, which look like yellow smoke, can rise thousands of feet in the atmosphere.

The second-year larvae of **red oak borer** are moving deeper into the tree, tunneling into heartwood. Despite the specificity of their name, they infest several oak species.

Beavers are preparing their winter food caches. They're likely to be pickier about which stems they harvest now, as opposed to the last mad rush when pond ice threatens. **Witch hazel** is a favorite.

Frost sweetens the tubers of **hopniss** – also called **groundnuts**. A wild "super food," they contain up to three times as much protein as potatoes.

By now, **American toads** are below the frost line. They dig their way down rear end first, using the hard pads on their back feet to burrow.

The **white-tailed buck** smiling in the game camera may just be friendly, but more likely that curled back lip is a flehmen response to a doe's pheromones.

Early in the morning of the last day of November, the full moon darkens as it passes through the outer edge of the Earth's shadow. This **penumbral lunar eclipse** peaks at around 4:42 a.m.

THE LAST BRIGHT FLASH OF A FADING FALL: YELLOW TAMARACKS GLOW ON A RIDGELINE.

november

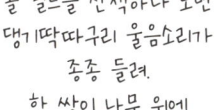

Pileated woodpeckers are primarily insect eaters, but it's common now to find them snacking on wild grapes and other dried fruit.

As snow sets in, **ruffed grouse** eat more tree buds. Poplar, cherry, ironwood, and apple trees are all on the menu.

If you find a **whitelip snail** shell in the leaf litter, it may not be as lifeless as it looks. In cold, dry weather, the snails bolt their door with a thick mucus wall.

Short- and **long-tailed weasels** are completing their autumn molt. Although most of their fur is now white, both species still have black tail tips. This marking may deflect hawks' attention away from the animals' bodies, and wispy tails are hard to grasp with talons.

When **white-breasted nuthatches** visit birdfeeders, they're likely carrying away more than their bellies can hold. They cache food under bark and in other hiding places.

콘 필드를 산책하다 보면 댕기딱따구리 울음소리가 종종 들려. 한 쌍이 나무 위에 있는 걸 본 적도 있어.

이 새도 모이통에서 여러 번 봤어. 가끔은 가슴털이 붉은 애들도 있더라.

This calendar is approximate. Specific timing will vary by location, weather, and other factors. These photos first appeared in our Reader Photo Gallery. To view current and past galleries and to share your own images, please go to our homepage: northernwoodlands.org. Illustrations by Adelaide Tyrol.

● 글로 표현하기

글은 일기의 주된 표현 형식입니다. 일기를 많이 쓸수록 단어로 그림을 그리는 데 능숙해질 것입니다. 일어난 사건을 단순하게 산문적으로 설명할 수도 있고, 관찰한 내용을 짧은 이야기나 시로 형상화할 수도 있습니다.

글쓰기는 그림 그리기와 마찬가지로 시간을 들여 꾸준히 연습해야 하는 기술입니다. 많은 사람들이 글쓰기 능력을 갈고닦기 위해 일기를 씁니다. 꾸준히 수련하면 관찰력이 날카로워질 뿐만 아니라 관찰한 내용을 더욱 명료한 시와 산문으로 전환할 수 있습니다. 글을 잘 쓰고 싶은가요? 내가 할 수 있는 최상의 조언은 그림 그리기에 대해서와 동일합니다. 많이 쓰세요! 그리고 가능한 한 많은 작가들의 글을 읽으세요(211쪽의 '추천 도서와 자료' 참조).

새벽녘 남동쪽에서 낮게 비쳐드는 빛을 향해 온갖 새가 날아든다.

11월 27일 수요일
마운트오번 묘지

9~11am 맑고 화창함
참나무 잎에 눈이 남아 있다.

울새 12마리가
새빨간 돌능금나무 열매를 포식한다.

찌르레기 떼 (30마리 이상)가
겨울 털갈이를 마치고 먹이를 찾아 날아든다.

쇠부리딱따구리가
반짝 나타났다가
사라졌다.

쇠부리딱따구리가
돌능금나무에 앉아 있다!

검은눈방울새
여러 마리

● 보이는 대로 그리기

이 책에서는 주된 기록 수단으로서 그림 그리기에 중점을 두었습니다. 그림을 그릴수록 날카롭게 관찰할 수 있고 관찰할수록 그림을 더 잘 그리게 되니까요. 여러분은 드로잉 기초 과정을 수강한 적이 있나요? 아마도 평생 처음으로 자리에 앉아서 사물을 골똘히 바라보고 그림으로 옮기는 경험이었을 겁니다. 드로잉은 관찰에 도움이 됩니다. 사물의 모양, 질감, 표면, 공간 관계와 같은 세부 사항을 알아보게 해줍니다. 여러분도 시도해보면 알겠지만, 뛰어난 예술가가 아니라도 조개껍데기를 스케치하는 데는 아무 문제가 없답니다!

하지만 그림을 그리다 보면 하나의 대상에만 몰두해 관찰력이 제한될 수도 있습니다. 대상이 주위의 다른 사물이나 전체 환경과 어떻게 연결되는지를 알아보지 못하는 거죠. 사물이 위치한 맥락은 실제 관찰에서 매우 중요한 부분임을 명심하세요. 예를 들어 바닷가에서 조개껍데기와 바다 생물을 채집해 그린다면 조수 간만, 해변의 구조(모래밭인지 바위인지, 좁은지 넓은지), 날씨와 함께 주위의 새들, 냄새와 소리, 멀리 보이는 파도나 배, 구름, 나아가 머릿속에 스쳐가는 생각이나 기분까지 기록해두세요.

그림 그리기는 일기에 여타 기술과는 다른 요소를 부여합니다. 많은 사람들이 그림은 글보다 신속하고 비선형적이며 유용한 속기법의 일종임을 깨닫습니다. 하지만 다른 모든 기술과 마찬가지로 그림 그리기도 수련이 필요합니다. 좋은 농구 선수나 골퍼가 되려면 무조건 연습을 해야 하는 것처럼 말이죠. 첫 결과물은 조잡해 보일 수 있지만, 그리고 또 그리다 보면 어느새 실력이 나아졌음을 깨닫고 놀랄 겁니다. 글로 설명하기보다 그림으로 묘사하는 쪽이 더 쉽고 빠를 때도 있습니다. 우리 집 새 모이통에 나타난 약삭빠른 다람쥐처럼요(오른쪽).

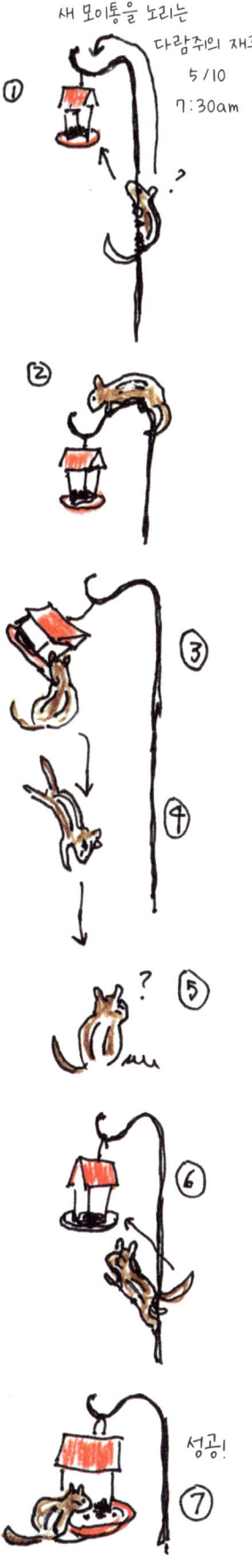

와이오밍주 티턴,
스트링 호수
1988/6/28
8:45pm

이 수채화를 보면 티턴산맥에서 그림을 가르치던 때가 생생하게 떠오릅니다.
동생과 함께 조지아 오키프의 고스트 랜치 농장을 찾아갔던 때도요.

나의 일기, 나의 여행

일기를 작성하는 것은 일종의 여행이라고 하겠습니다. 바깥세상의 계절뿐만 아니라 마음속의 계절을 통과하는 여행입니다. 우리 인생길에서 일기는 어디에 다녀왔는지, 무엇을 보고 유심히 관찰했는지, 세상과 소통하며 어떤 감정을 느꼈는지, 무엇을 확신하고 무엇에 당황했는지 보여주는 기록입니다. 지난 일기의 묘미는 언제든 들춰보며 다녀온 곳과 본 것과 생각한 일들을 되새기고 숙고하고 경탄할 수 있다는 것입니다. 일기장이 몇 달이나 몇 년씩 구석에 처박히는 경우도 있겠지만, 일단 다시 꺼내보면 그 속에 간직된 생명이 눈앞에 생생히 되살아날 겁니다. 그것을 간직한 사람은 다른 누구도 아닌 바로 여러분이었으니까요.

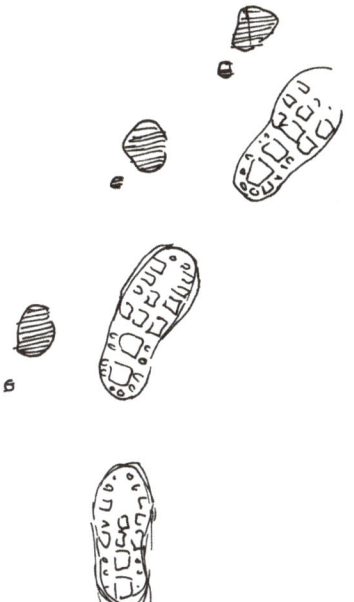

자연은 온갖 소박한 즐거움을 선사합니다. 주의를 기울이기만 하면 빛과 색의 향연, 공중에 맴도는 향기, 살갗과 근육에 와 닿는 태양의 온기, 꿈틀거리는 생명의 맥동이 느껴집니다. 이 얼마나 큰 기쁨인지요! 하지만 인위적 자극과 쾌락이 도처에 널린 이 시대에 주의를 기울일 힘이나 의지가 없는 사람이 얼마나 많을까요? 자연이 주는 즐거움을 누리려면 그것을 의식적으로 선택해야 합니다. 삶의 속도를 씨앗과 바위의 시간에 맞추고, 번잡한 자아를 가라앉히고, 계획과 조바심은 제쳐놓고, 그저 내 몸속에 존재하며 자아를 자연에 내어주겠다고 선택해야 합니다.

로레인 앤더슨
《지구의 자매》

2장

도구와 양식

내가 자연 관찰 일기 수업을 할 때마다 가장 먼저 던지는 질문이 있습니다. "자연학자란 뭘까요?" 그런 다음 자연학자란 벌, 꽃, 나무, 물고기, 개구리, 풀, 하늘, 날씨 등 자연 전체를 대체로 야외에서 연구하는 사람이라고 설명합니다. 기후 변화 연구에서 시민 과학자의 관찰이 점점 더 중요해지고 있다는 점도 지적합니다. 그런데 뭔가를 기록하려면 그것에 관해 어느 정도는 알아야 하겠지요?

그런 다음 일기의 첫 페이지를 준비합니다. 여기서 일기 작성법은 매우 다양하다는 점을 짚고 넘어가야겠지요. 110쪽부터 수록된 일기 샘플을 참조하세요. 내가 소개할 방법은 내가 유럽에서 받은 미술 교육을 바탕으로 수년 동안 직접 개발한 것입니다. 처음에는 많은 사람들에게 무리가 없는 가장 기본적인 양식으로 시작합니다. 나도 무조건 이 양식을 고수하지는 않지만 핵심 사항은 항상 일정합니다.

이 장에서는 내 일기 작성법을 설명하고 기본 도구와 장비를 살펴보겠습니다.

시작 단계

일기장의 종류와 사용법은 마음대로 정하면 됩니다. 예산이 허락하는 범위 내에서 원하는 만큼 단순하거나 화려하게 꾸밀 수 있습니다. 스케치를 많이 한다면 매끈한 무선 종이로 된 소형 양장 스케치북을 권합니다. 미술용품점이나 문구점에서 다양한 크기의 스케치북을 구할 수 있습니다. 기록 방식으로 글쓰기를 선호하고 스케치 가운데 줄이 그어져도 괜찮다면 유선 종이로 된 양장 혹은 스프링 노트를 권합니다.

양장 노트를 쓰기가 망설여지거나 여럿이 함께 일기를 쓴다면, 낱장 종이를 클립보드에 끼우거나 딱딱한 판지에 집게로 고정시켜도 됩니다. 다만 다 채운 종이는 날짜순으로 정리하여 서류철이나 바인더에 보관하세요. 나중에 편하게 꺼내보며 계절에 따른 자연 변화뿐만 아니라 여러분의 지식과 개성이 발전하는 과정을 추적할 수 있습니다.

비가 오거나 추운 날 야외 관찰 기록을 하려면 종이 여러 장을 4분의 1 크기로 접어서 가져가거나, 주머니에 쏙 들어가는 작은 메모장을 준비하세요. 이렇게 하면 종이가 젖더라도 이후 일기장에 다시 그리고 원하는 세부 사항이나 채색을 추가할 수 있습니다. 나도 수업 시간에 종종 학생들과 함께 그렇게 한답니다.

> 일기를 쓰다 보면 (…) 이 세상의 신체 언어를 더 잘 해석하게 된다. 미묘한 계절 감각과 스트레스, (…) 자연 풍경과 정원과 고양이의 몸속에서 약동하는 생명, 도심 거리의 으스스한 공기, 뒤뜰에서 들려오는 애달픈 울새 소리의 의미도.
>
> 해나 힌치먼
> 《나뭇잎 사이 오솔길》

3/10
이웃집 크로커스와 올해 첫 꿀벌!

우리네 인생사가 이리저리 요동치든 말든, 크로커스는 해마다 피어나고 봄을 알리는 새들은 매년 같은 시기에 노래하기 시작하지요. 그리고 태양은 일 년 내내 아침에 뜨고 저녁에 진답니다.

일기
제54권

Clarewalkerleslie.com

눈 없고 화창한
한겨울 날에
시작하다.
2019/1/13

* 새롭게 펼쳐진 이 종이들이
올해 내 친구이자
스승이 되겠지—
그리고 또 무엇이 될까? *

장비는 간소하게

일기장을 고를 때는 여러분이 선호하는 기록 방식을 고려해야 합니다. 초심자는 생각이 미치기 어려운 부분이지요. 미술용품점이나 문구점에 가면 멋지고 크기도 다양한 무선 및 유선 양장 노트가 즐비합니다. 일기장을 펼쳐보고 종이의 질을 확인하세요. 종이가 얇으면 뒷면에 잉크와 채색이 번질 수 있습니다. 고급 용지나 미색 용지는 그림을 그리기 불편할 수도 있어요. 나는 보통 22×28센티미터 크기의 단순한 양장 노트를 삽니다. 무게나 색이 복사용지와 비슷한 흰색 무선 종이가 좋아요.

  자연 관찰 일기장은 무난해야 합니다. 실제로 사용해야 하는 물건이니까요. 갖고 다니기 망설여지는 곱디고운 수제 노트는 필요 없습니다. 지우고 수정하며 안달복달 시간을 낭비하지 말고 편하게 쓰거나 그릴 수 있게 유선 노트나 작은 메모장을 사용하세요.

  일기장이 망가질 것을 각오하세요. 내 일기장도 쓰다 보면 모서리가 닳고 페이지가 구겨지기 일쑤입니다. 나는 일기장을 보통 차에 두고 다닙니다. 친구나 학생들에게 보여주기도 하죠. 일기장이 비나 눈에 젖기도 하고, 손녀들이 빈 페이지에 낙서도 한답니다.

• 펜과 연필

사람에 따라 쓰고 그리기가 즐거워지는 펜과 연필이 있습니다. 손에 착 붙고 종이 위에서 부드럽게 움직이는 펜, 마음에 드는 종류와 굵기의 연필을 찾을 때까지 여러 가지를 써보세요. 펜은 물론 연필도 종이와 사람에 따라 다르게 반응하니까요.

나는 메모를 많이 하는 편이라 가는 사인펜이나 볼펜을 선호합니다. 그림을 마무리할 때는 주로 색연필을 씁니다(자세한 내용은 63쪽과 84쪽을 참조하세요). 연필보다 펜을 선호하는 것은 번지지 않고 종이 위에서 더 선명하게 보이기 때문입니다. 부러지는 일이 없고 깎을 필요도 없지요. 집에서 밥을 먹거나 차를 탈 때도 펜은 꼭 챙깁니다. 그림 수업 초반에 실수할까 봐 쭈뼛거리는 학생들도 값싼 검정 사인펜을 쓰게 하면 한결 편하게 그리더군요. 선을 그을 때 연필보다는 조심하게 되고, 선이 뚜렷해서 알아보기도 쉽지요.

연필심도 종류가 다양합니다. HB(선이 가늘고 견고하여 식물을 그리기 좋습니다), 2B(연한 편이라 식물이나 새를 그리기 좋습니다), 3B(2B보다 더 연해서 새나 동물을 그리기 좋습니다), 4B, 5B, 6B(매우 짙고 부드러워서 풍경과 색조 표현에 좋지만 번지기 때문에 정착액을 뿌려야 합니다) 등입니다. 연필을 쓴다면 좋은 지우개도 필요합니다. 스틱형 지우개도 좋습니다.

연필깎이는 품질이 천차만별입니다. 그냥 칼로 깎거나 아니면 배터리를 넣는 전동 연필깎이를 쓰길 권합니다. 제도용 연필(기계식)은 야외 드로잉에 적합합니다(내 경우 2B나 3B를 선호합니다). 깎을 필요가 없고 잘 부러지지 않으며, 갑자기 날아가는 새를 보더라도 바로 스케치할 수 있습니다.

0.35mm 제도용 펜

파이롯트 파인라이너 펜에 수채 효과

2B 연필

파란색 볼펜

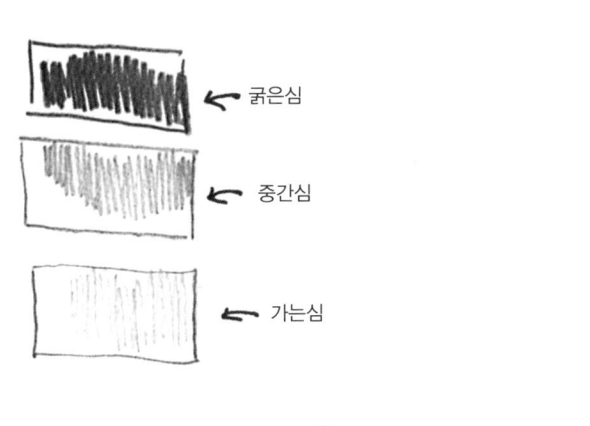

다양한 굵기의 연필을 사용해보세요.
굵은 선으로 그리는 사람도 있고 가는 선으로 그리는 사람도 있습니다. 종이가 매끄러울수록 가는 연필을 쓸 수 있습니다.

그림 대상에 따라 연필을 바꾸는 것이 좋습니다. H 또는 HB는 식물, B 또는 2B는 새, 3B는 동물, 4B, 5B, 6B는 나무나 풍경에 적합합니다.

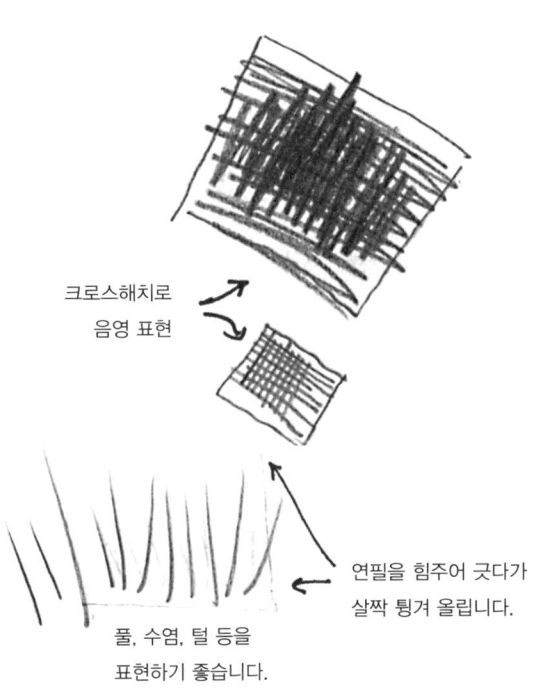

연필이나 펜, 그 밖의 새로운 그림 도구를 시험해보세요. 어떤 표현이 가능한지 알아보세요.

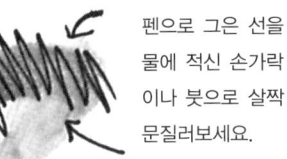

펜으로 그은 선을 물에 적신 손가락이나 붓으로 살짝 문질러보세요.

펜은 선명하고 읽기 쉬운 글이나 그림을 남길 수 있어 현장 기록에 많이 쓰입니다.
연필은 더욱 다양한 표현이 가능하지만 번질 수 있습니다.

둘 다 사용해보세요.

흰색 연필은 명암 처리나 연한 색을 만드는 데 유용합니다.

● 색연필

나는 오래전부터 일기를 채색할 때 수채 물감보다 색연필을 선호해왔습니다. 현장에서는 더욱 그렇고요. 물을 떠오지 않아도 되고 쏟을 염려도 없으며 색칠이 마를 때까지 기다릴 필요도 없으니까요.

내가 가르치는 학생들도 색연필로 다양한 시도를 즐깁니다. 수채 물감보다 훨씬 쉽게 그릴 수 있고, 색이 이미 만들어져 있어서 혼색 및 채도 실험도 할 수 있지요.

프리즈마컬러(Prismacolor) 색연필 세트 하나면 충분히 오래 쓸 수 있습니다. 그 밖에 다양한 브랜드가 있고 수채연필도 있으니 골고루 쓰면서 마음에 드는 것을 찾아보세요.

위: 사인펜과 색연필

왼쪽: 연필과 색연필

첫 페이지

첫 페이지에는 자연 관찰 일기를 쓰는 이유를 명시하면 좋습니다. 이 책 1장에서 다양한 이유를 살펴보았지요. 여러분이 사는 지역을 잘 알고 싶다거나, 매일 날씨를 살피고 기록하겠다거나, 지역 습지에 서식하는 생물의 활동을 관찰하고 싶다는 등 단순한 목적이면 충분합니다. 일기를 오래 작성할수록 애초의 목적은 변화하고 확장될 것입니다. 첫 페이지에 함부로 뭔가를 적기가 망설여진다면 먼저 저렴한 A4 용지에 연습해보세요.

자연 관찰 일기를 시작할 때는(그리고 계속할 경우에도) 내가 오랫동안 써온 기록 양식을 써보길 권합니다. 6세부터 60세, 나아가 96세까지 누구나 쉽게 활용할 수 있습니다. 67쪽에 설명한 순서대로 따라 해보세요. 관찰한 내용을 막힘없이 종이에 쓰고 그리며 자동적으로 사고를 시작할 수 있을 겁니다.

마운트오번
죽은 유럽너도밤나무를
대신할
미국너도밤나무 묘목을
방금 새로 심었다.

(무엇을 심을지
한참 논쟁했다)

빈 종이를 마음의 숨결로 채우라.

윌리엄 워즈워스

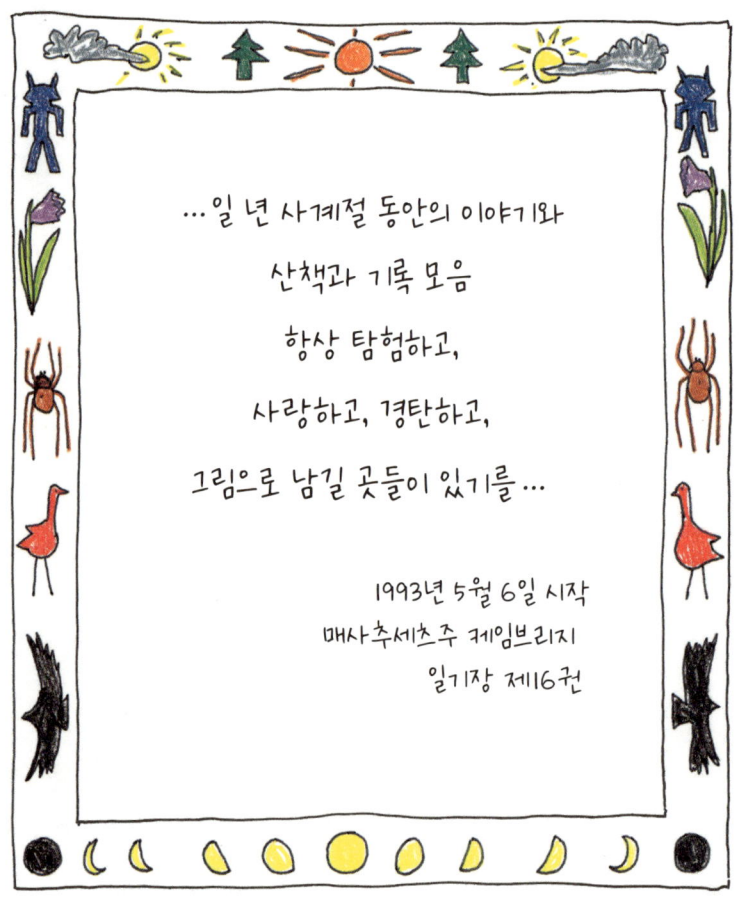

…일 년 사계절 동안의 이야기와
산책과 기록 모음
항상 탐험하고,
사랑하고, 경탄하고,
그림으로 남길 곳들이 있기를…

1993년 5월 6일 시작
매사추세츠주 케임브리지
일기장 제6권

구름 아래로,
들판과 숲과 도심을 지나,
집 잃은 사람들의 집 안으로,
탐험가들의 흔적을 따라
여행을 떠나는
이야기들.

이들은 완성된 이야기도 아니고
'문학' 작품도 아니다.
단지 일 년 동안의 호기심을 기록한 것일 뿐.

1996년 8월 6일 시작
싯카 예술생태센터

오리건주 오티스

6/18 월요일
마운트오번
4:15pm
32도에 습한 날씨!
해돋이 5:07am
해넘이 8:24pm
일조시간 15시간 17분

듣다: 바람에 스치는 나뭇잎 소리
  붉은날개검은새 한두 마리
  파랑어치 한 마리
  다람쥐들

울새들   회색청개구리

꽃이 피다: 칼미아
  산딸나무

한여름의 푸르름이 깃든 고요한 세상

3월 8일의 풍경과는 얼마나 달라졌는지

관찰 내용 기록

이제 관찰한 내용을 적을 준비가 되었습니다. 일기 작성법은 매우 다양하지만 내가 가르치는 양식은 항상 동일합니다. 페이지 상단 모서리에 필요한(혹은 원하는) 만큼 글과 그림을 활용하여 다음 사항을 기록합니다.

날짜: 일 년 중의 어느 달과 계절인지 확인할 수 있습니다.

시각: '이른 오후', '늦은 오전'이라고만 적어도 좋고, 정확한 시각을 적어도 됩니다.

해돋이와 해넘이 시각: 계절의 변화에 따라 분 단위로 계속 변합니다. 자연 전체가 태양 주기의 영향을 받는데도 우리는 몇 날 며칠이 지나도록 그 변화를 알아차리지 못하지요. 해돋이와 해넘이 시각은 지역 신문이나 《농사꾼 달력(The Old Farmer's Almanac)》 또는 기상예보 웹사이트에서 찾을 수 있습니다. 기록해두면 월별 및 연간 천문 주기를 파악하는 데 도움이 됩니다.

장소: 여러분이 자연을 관찰하고 있는 지점. 원한다면 지도도 그려 넣습니다. 지금 이 계절 이 서식지에 어떤 생물이 사는지 적어보세요.

날씨: 온도를 기록하세요. 동물의 활동과 식물의 생장을 좌우하는 중요한 요소입니다. 화창하고 맑은 날인가요, 아니면 서늘하고 흐린 날인가요?

풍향: 위치를 지정하고 나침반의 방위를 그립니다. 깃발이나 머리카락이 어느 방향으로 날리는지 확인하여 풍향을 기록하세요.

구름 모양과 하늘 색: 네모 칸 안에 현재의 구름 모양과 하늘을 그리세요. 네모 칸 옆에는 하늘의 상태를 설명합니다. 구름 모양의 명칭을 안다면 적어놓고, 모른다면 나중에 찾아보세요. 달이 보인다면 그것도 그리고 현재의 위상을 기록합니다.

첫인상: 잠시 가만히 주위를 둘러보세요. 보이고 들리는 것들을 간단히 열거하거나 지금 기분이 어떤지 기록하세요. 한동안 주위를 거닐면서 보고 듣고 공감하는 시간을 가져보세요.

2019/6/8 토요일
로우 컨퍼런스 센터
매사추세츠주 로우

흰꼬리사슴 철쭉
설탕단풍나무 파랑어치
붉은여우 모기
진드기 (그 밖의 다양한 생물)

9:30am
맑고 따뜻함 22.2도
듣다: 바람에 나부끼는 나뭇잎
       새 한 마리(파랑어치?)
       폭포

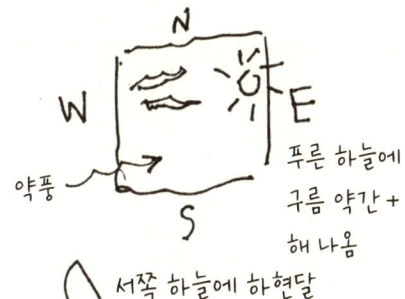

오늘의 색채:
풍성한 녹색
희고 노란 꽃 약간
갈색과 검은색 나무들
하늘색 나비(푸른부전나비)

3장

그리기의 기초

아이들은 학교에서 일찌감치 글쓰기를 배우지만 정식 그림 교육은 받지 못합니다. 나도 자라면서 줄곧 뭔가를 끼적거렸지만 어른이 되어 새, 꽃, 풍경을 그리고 싶어졌을 때까지 진지하게 시도한 적은 없었지요. 처음부터 다시 배워야 했어요!

일기장에 스케치를 해보라고 하면 당황하는 사람이 많습니다. 초기의 현장 과학자들도 그림보다는 글 위주로 기록했고 따로 고용한 예술가를 데려가서 그림을 그리게 했습니다. 찰스 다윈도 "제대로 그림 그리는 법을 배우지 못한 것이 가장 후회스럽다"라고 말했다지요.

도저히 그림을 못 그릴 것 같다면 처음으로 종이에 끼적여본 것은 '그림'이 아니라 그냥 낙서라고 생각하세요. 모든 기술이 그렇듯 그림 그리기도 연습할수록 나아집니다. 이 장에서는 세계적으로 미술 수업에서 사용되는 기초 연습을 해보겠습니다.

기초 연습

기본 그리기 실력을 다지는 데 유용한 여러 요령이 있습니다. 모든 기술 훈련에서는 준비 운동을 적극 권장합니다(운동선수, 음악가, 댄서, 가수, 배우도 마찬가지입니다). 다음의 눈과 손 운동은 느긋하고 즐거운 자세로 그림 수업에 임할 수 있도록 오래전부터 학생들에게 전수되어왔습니다. 그림을 시작하기 전에 긴장을 풀고 집중하여 사물의 형태를 제대로 보는 데 좋습니다.

안 보고 윤곽선 그리기부터 순서대로 진행하는 것이 가장 좋습니다. 그림 그리기를 시작할 때마다 다음의 모든 기법을 연습하거나, 적어도 두 가지 윤곽선 그리기를 한 번씩 하세요. 일단 시도해본 다음 관심사와 일기 작성 방식에 맞게 수정하고 조정하세요. 이 기법을 마스터했거나 더 어려운 기법을 익힐 준비가 되었다면 2부에서 다양한 자연물 그리기 요령을 찾아볼 수 있습니다.

이런 연습을 처음 해본다면 자신의 그림이 어처구니없어서 웃음을 터뜨릴 수도 있어요. 그럴 만도 하지요! 하지만 적어도 기본 형태는 포착했음을 알게 될 겁니다. 좌뇌가 아니라 우뇌를 써야 합니다. 창의력을 마음껏 발휘해보세요.

연습 1: 안 보고 윤곽선 그리기

안 보고 윤곽선 그리기란 종이를 보지 않고 연필을 종이에서 떼지 않으며 선 하나로 그리는 것입니다. 대상의 형태를 파악하고 단축법(대상을 정면이 아니라 위나 아래에서 혹은 비스듬히 바라봄으로써 길이가 실제보다 짧아 보이도록 그리는 회화 기법—옮긴이)을 익히는 데 유용합니다(80쪽 참조). 그릴 대상을 처음으로 바라볼 때 이 기법을 사용해보세요. 긴장을 풀고 집중하기에도 좋습니다.

종이를 보지 말고 대상에 시선을 고정하세요. 눈에 보이는 모든 것을 종이에 선 하나로 '따라' 그리세요. 왼쪽에서 오른쪽, 오른쪽에서 왼쪽, 혹은 위에서 아래로 전체 형태를 베껴낼 때까지 그림을 보거나 연필을 들거나 멈추면 안 됩니다. 연필을 천천히 움직이면서 대상을 주의 깊게 관찰하세요. 절대로 종이를 흘끗거리지 마세요! 거미줄을 치는 거미가 되었다고 생각하세요.

다양한 시간제한을 두고 연습해보세요. 몇 초도 좋고 1분도 좋지만 2분 이상은 안 됩니다. 대상의 각도를 바꾸어 다시 그려보세요.

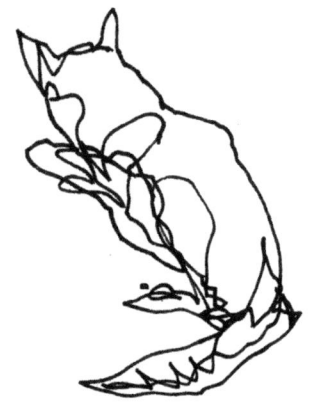

우리 집 고양이 윤곽선 그리기

주변에서 흔히 접할 수 있는 대상을 그려보세요. 과일 조각, 콩깍지, 커피잔, 고양이도 좋습니다.

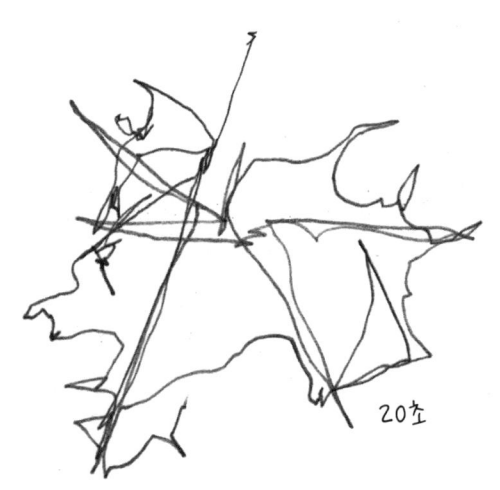

20초

연습 2: 보면서 윤곽선 그리기

보면서 따라 그리기는 그림을 시작하는(혹은 대상을 바라보는) 또 다른 기법입니다. 연필을 종이에서 떼지 않고 선 하나로 같은 형태(또는 다른 형태)를 그리되, 이번에는 종이를 흘끗거려도 됩니다. 선 하나로만 천천히 그리다가 대상을 완전히 포착했다 싶으면 멈춥니다. 2분 안에 그림을 끝내세요.

연습 1과 2의 결과물을 비교해보세요. 어느 쪽이 더 마음에 드나요? 두 그림 모두가 얼마나 엉성하면서도 정확한지, 그리고 이런 연습이 얼마나 재미있는지 깨닫고 놀랄 거예요!

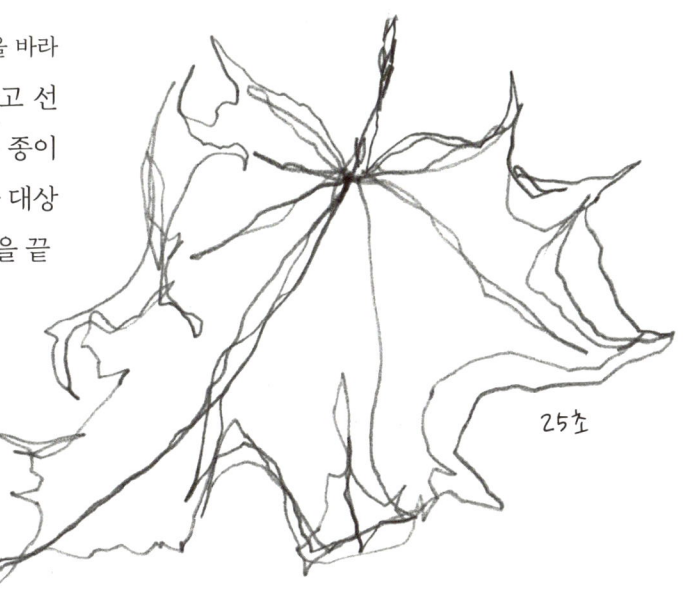

25초

| 다양한 방식으로 그리기 |

윤곽선 그리기를 하다 보면 웃음을 터뜨리는 사람이 많습니다. 나이와 숙련도, 의도와 상관없이 모두가 비슷비슷한 그림을 그리게 되니까요! 하지만 자세히 들여다보면 여러분이 그린 그림의 핵심이 눈에 들어올 겁니다. 두 가지 윤곽선 그리기를 하다 보면 금세 자신감이 붙고 완성도가 높아집니다.

평소에 쓰지 않는 손으로도 두 가지 윤곽선 그리기를 해보세요. 팔을 뻗으면 닿는 탁자에 종이를 놓고 일어서서 그리거나, 반대로 종이를 땅바닥에 내려놓고 그려보세요. 펜에서 연필로, 또는 연필에서 펜으로 바꿔가며 어떤 그림이 나오는지 보세요. 그림을 그리면서 선이 느슨해지거나 팽팽해지는 변화를 살펴보세요. 즐기세요!

비둘기

일곱 살 때 샘은 가만히 앉아 있지 못하는 아이였습니다. 윤곽선 그리기를 하면서 비로소 차분해지고 사물을 제대로 볼 수 있었죠. 그 무렵 샘이 그린 비둘기를 보고 깜짝 놀란 기억이 나네요.

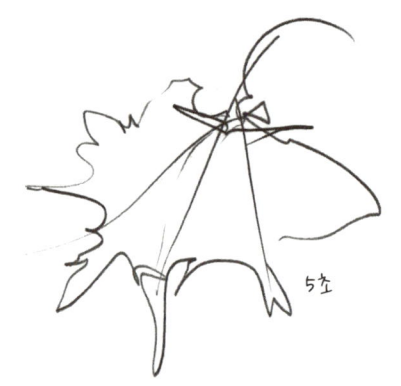

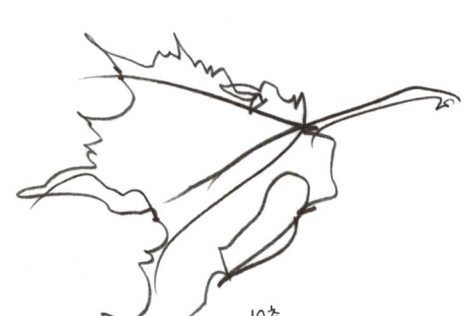

연습 3: 크로키

크로키란 최대한 빨리 전체 형태를 그려내는 기법입니다. 미술 수업에서 가장 많이 연습하는 기법이지요. 계속 움직여가며 자세를 바꾸는 모델을 그려야 합니다. 현장 스케치에 매우 유용한 기법이기도 합니다. 우리가 그릴 대상은 대부분 빨리 움직이니까요. 나 역시 자연 관찰 일기에 가장 많이 사용하는 기법일 겁니다.

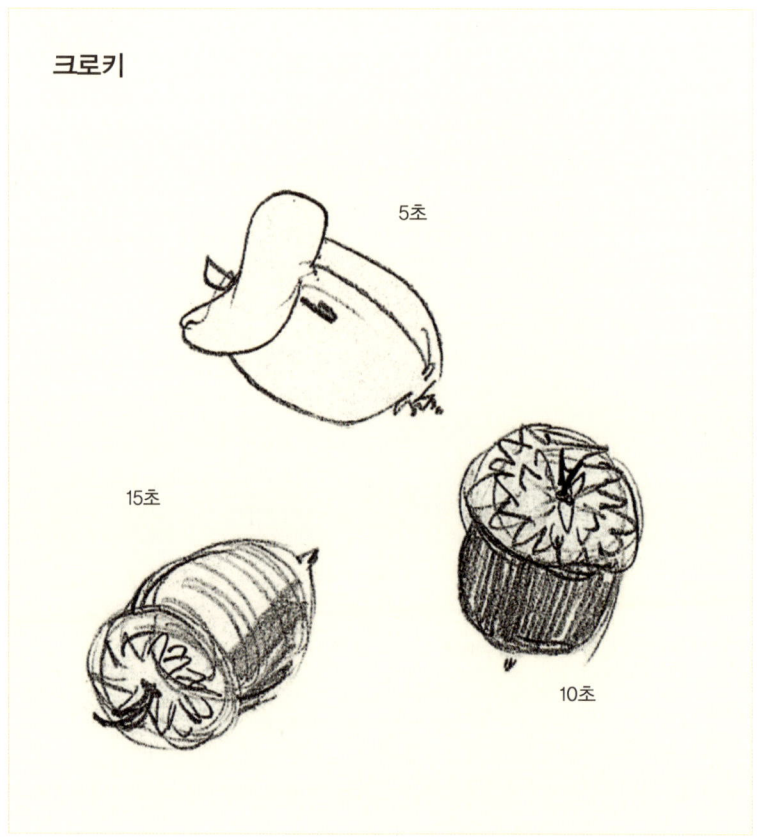

크로키

종이와 대상을 번갈아 보면서 최대한 빠르게 전체 형태를 스케치하세요. 필요하다면 중간중간 연필을 종이에서 떼도 됩니다. 5초 안에, 그다음에는 10초 안에, 마지막에는 15초 안에 스케치를 완성합니다. 보는 동시에 그리면서 형태의 핵심을 파악하세요. 형태의 일부밖에 포착하지 못할 수도 있습니다. 그럴 경우 처음부터 다시 그리세요. 모이통에서 계속 움직이면서도 똑같은 자세로 돌아가곤 하는 새를 그릴 때 유용한 기법입니다.

연습 4: 도식화 그리기

도식화 그리기는 특정한 표본을 좀 더 자세히 묘사하는 것입니다. 식별하고 싶은 대상을 찾았지만 자연 도감이 없고 표본을 집으로 가져가거나 사진 찍을 수 없는 경우, 혹은 동행이 있어서 현장에 오래 머물 수 없는 경우 유용합니다. 그림 자체보다는 관찰 기록에 중점을 두는 현장 과학자들도 이 기법을 선호합니다. 나는 도식화된 그림을 '법정 제출용'이라고 불러요. 직접 보았지만 채집하지 못한 대상을 식별할 수 있는 귀중한 자료니까요.

자연 도감의 식별용 일러스트처럼 단순한 선으로 그립니다. 나중에 표본을 식별하는 데 도움이 될 크기, 색상, 형태 등의 사항을 메모하세요. 3~5분 안에 완성합니다. 연필 말고 펜을 사용하세요.

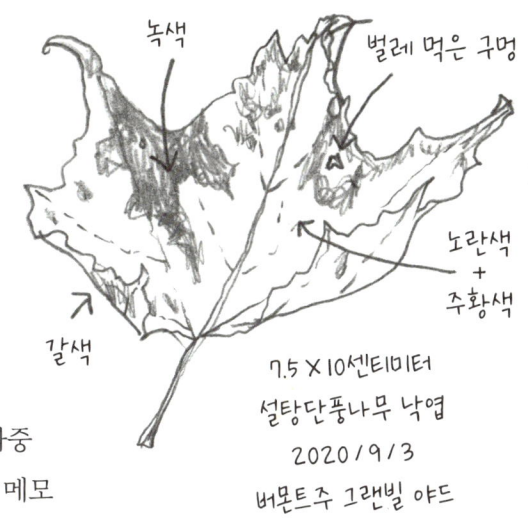

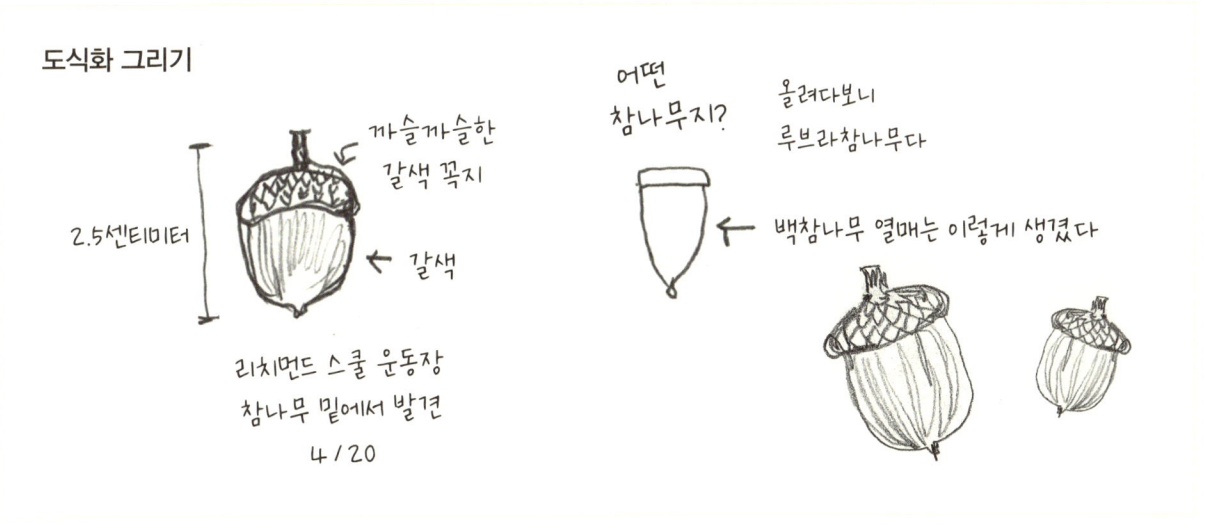

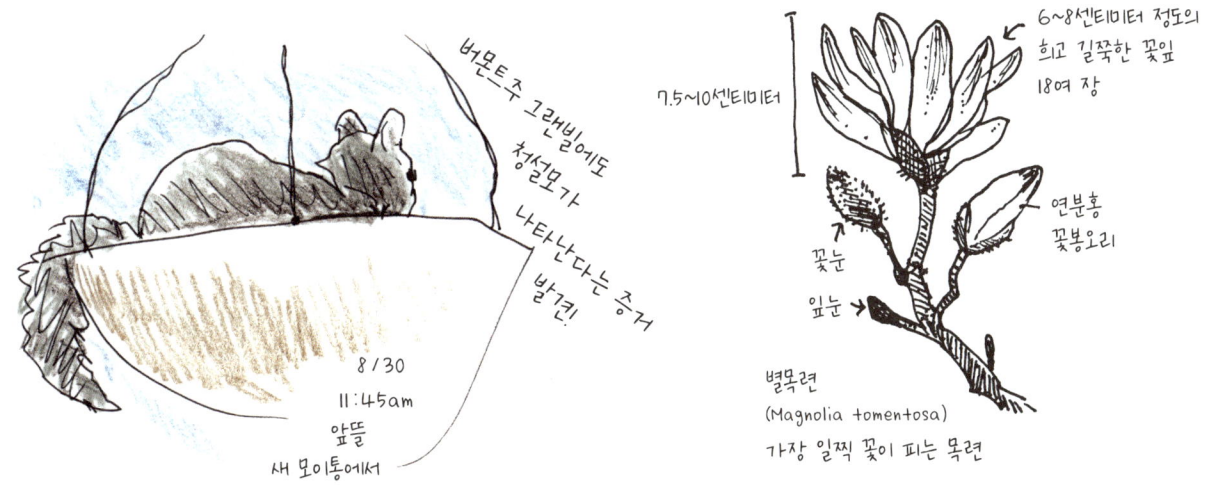

10분

연습 5: 완성본 그리기

좀 더 완성도 높은 그림을 남기고 싶을 때 쓰는 기법으로, 10분에서 10시간까지도 걸릴 수 있습니다.

조개, 나뭇잎, 바나나, 토끼 등 대상에 따라 다양한 질감, 양감, 명암을 반영하세요. 처음 연습할 때는 15분 안에 그림을 끝내세요.

물론 경험이 쌓이면 더 오래 시간을 들이거나 다른 도구를 써보거나 채색을 할 수도 있습니다. 식물이나 새처럼 특정한 대상을 그리는 고급 기법과 요령은 2부를 참조하세요.

윤곽선 그리기에서 완성본까지

윤곽선

1.
2.
3.
4.
5.
6.

완성본

어느 해 여름 우리 집 근처에 황조롱이 가족이 찾아왔습니다.
몇 주 동안 스케치한 끝에 마침내 이렇게 수채화로 완성했습니다.
수차례의 연습 스케치 덕분에 완성본에서 새를 정확히 묘사할 수 있었습니다.

M.H. 1995/9/29
매사추세츠주 도버, 11:00am
맑고 서늘함

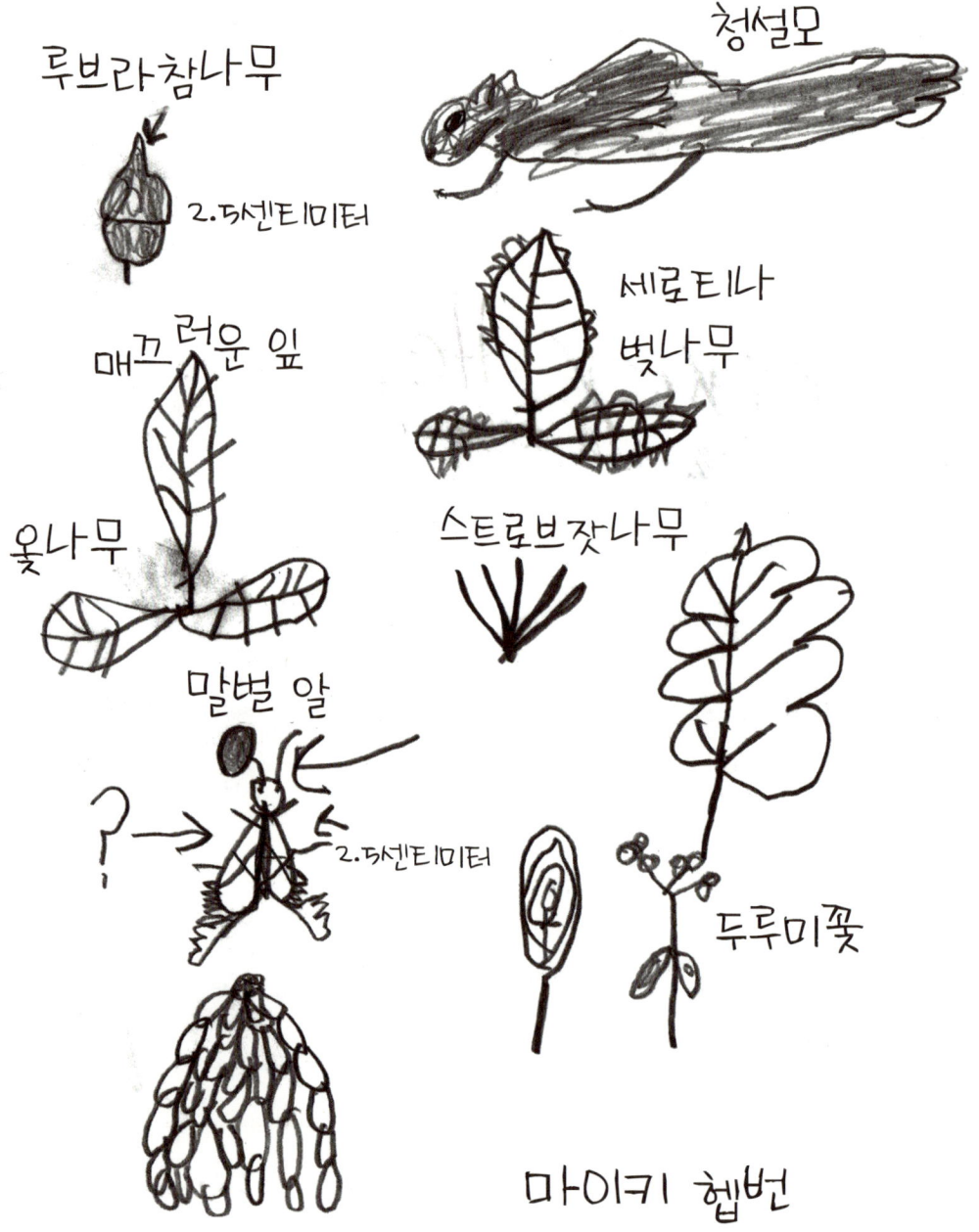

그림에 대한 두려움 극복하기

4학년 학생의 안 보고 윤곽선 그리기와 완성본

내가 야외 일기 수업을 진행했던 어느 학급의 담임교사 제이는 자기가 그림을 "못 그려서" 시도할 생각이 없다고 말했습니다. 그래도 나는 해보라고 권유했습니다. 선생님은 학생들에게 가장 좋은 역할 모델이니까요(학생들은 자기네한테는 비교적 쉬운 일로 끙끙거리는 선생님의 모습을 보면 즐거워합니다). 그림에 열중한 아이들을 보며 감동하고 내 격려에 마음이 편해진 제이는 11월의 학교 운동장에 서 있는 떡갈나무를 그렸습니다. "내가 지금까지 그린 나무 중에는 가장 잘되었네요!"라고 말하며 킥킥 웃더군요.

누구나 실패를 두려워하게 마련입니다. 어른으로서, 스승으로서, 친구로서 우리는 학생들에게 계속 "멋지다, 계속 해봐. 다시 해봐"라고 말해주어야 합니다. 언제나 바쁘고 호기심이 넘치는 나머지 자신이 얼마나 '잘' 그렸는지 걱정할 시간이 없는 아이들을 본받아야겠지요.

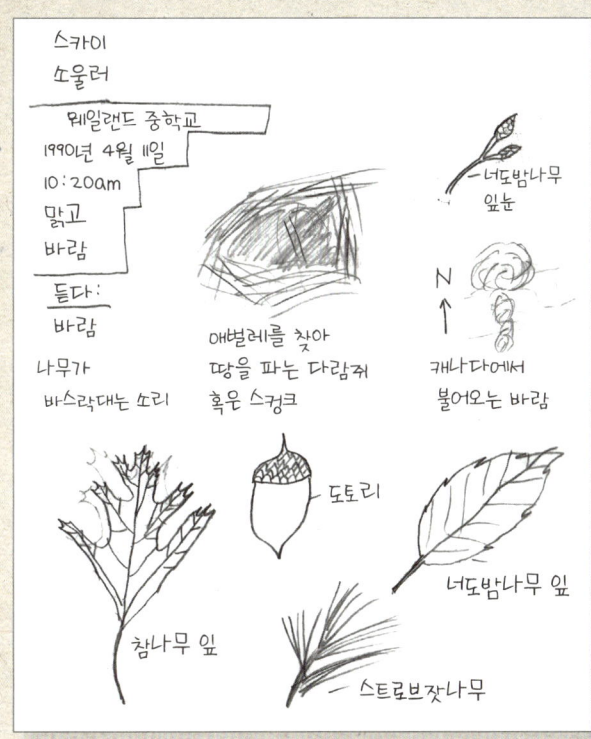

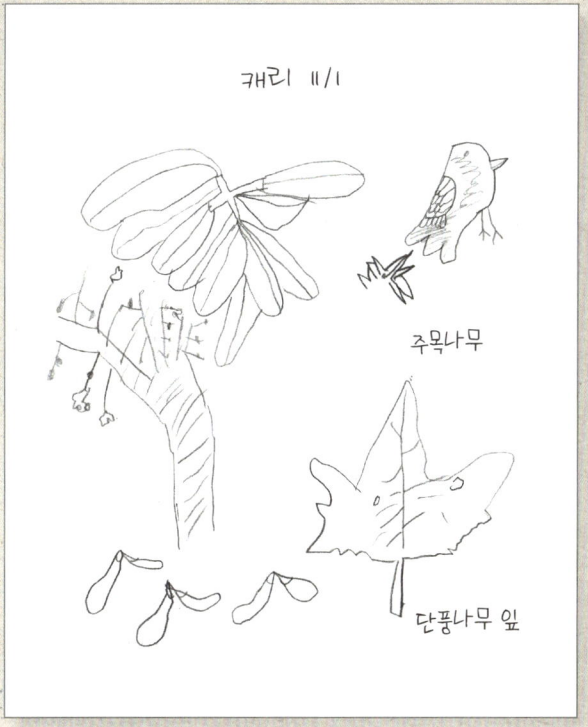

2학년 학생의 기록

A

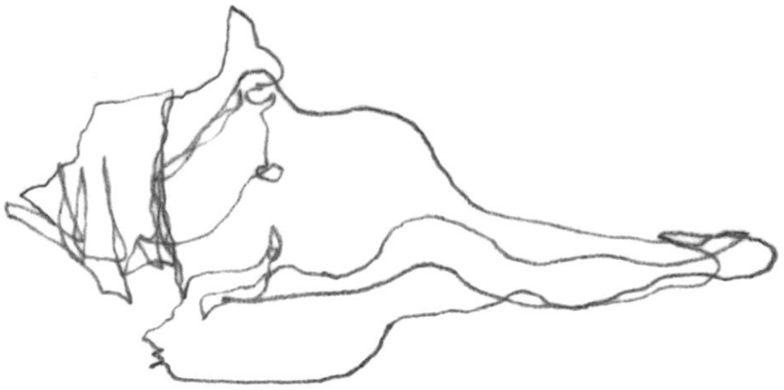

B

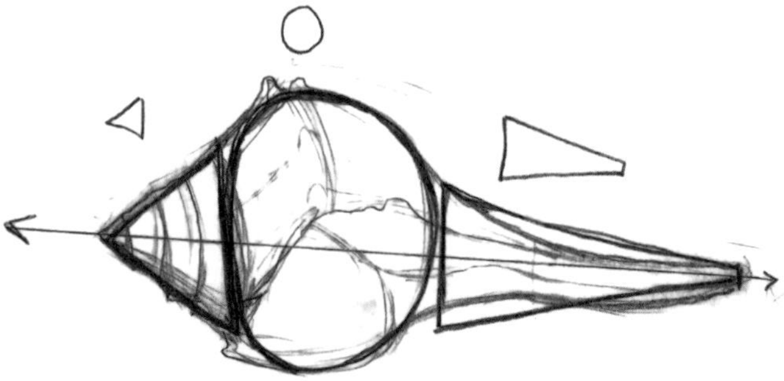

C

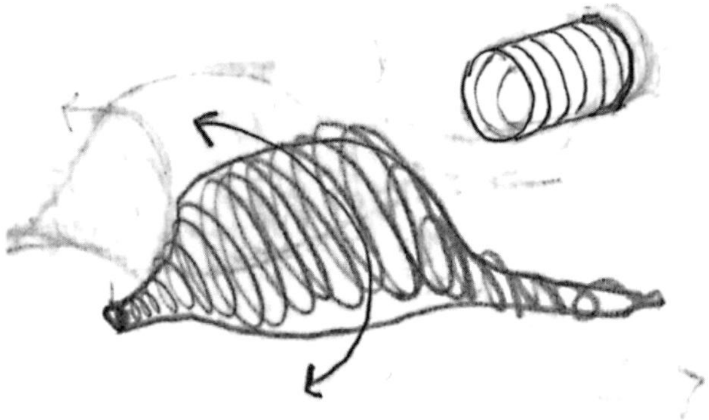

D(연필)

E(펜)

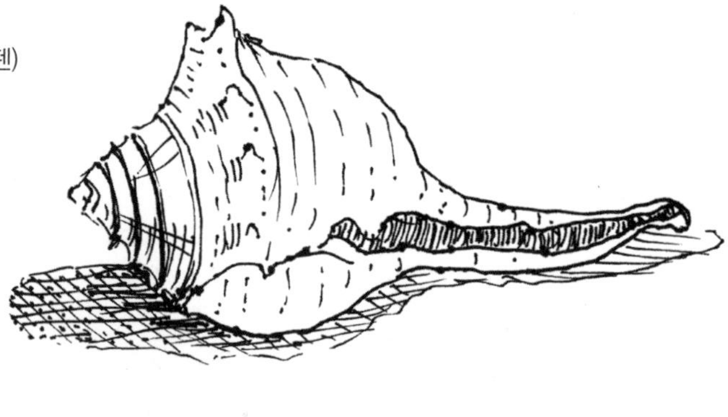

기본 형태 파악하기

그림을 그리기 전에 대상을 보면서 전체 형태에 어떤 기하학 도형이 포함되어 있는지 확인하세요. 이런 도형을 가지고 안 보고 윤곽선 그리기나 보면서 윤곽선 그리기를 한두 번 해보면 실제 형태를 파악할 수 있습니다(A). 대상의 형태를 이루는 삼각형, 원, 사각형을 윤곽선 위에 겹쳐 그려봅니다(B). 도움이 된다면 중심선을 그립니다. 이렇게 하면 원근감을 파악하기도 좋습니다. 도형들을 선으로 연결하여 대상의 전체 형태를 파악합니다.

대상의 기하학적 형태를 파악했다면 이를 활용해 크로키를 해보세요. 왼쪽의 소라껍데기와 같은 물체는 원통 형태라고 생각하면 양감 또는 둥글기를 이해하는 데 도움이 되며, 명암을 넣을 방향을 결정하기도 쉬워집니다(C).

마지막으로 완성본을 그립니다(D). 연필 혹은 펜을 종이에 댈 때마다 형태의 곡선, 어두운 부분과 밝은 부분을 드러내는 점이나 선을 추가하세요.

명암 넣기

펜으로 선(평행선 또는 크로스해치)을 그어 음영을 표현할 수 있습니다. 점과 선을 빽빽하게 넣으면 어두운 부분이, 듬성듬성 넣으면 밝은 부분이 됩니다. 연필로도 똑같이 음영을 표현할 수 있습니다. 연필로 그은 선을 손가락으로 문지르면 더 짙은 그늘이 만들어집니다.

명암을 넣을 때는 빛이 들어오는, 혹은 빛이 들어온다고 전제할 방향을 정해야 합니다. 그림 전체에서 일관된 광원을 유지하세요.

크로스해치로 명암 넣기

오른쪽 그림처럼 펜과 연필을 함께 써보세요.

가운데 잎맥에서부터 선으로 명암을 넣습니다.

연필 선을 문질러 은은한 명암을 표현해보세요. 나뭇잎과 과일을 지우개로 문질러 하이라이트를 넣어보세요.

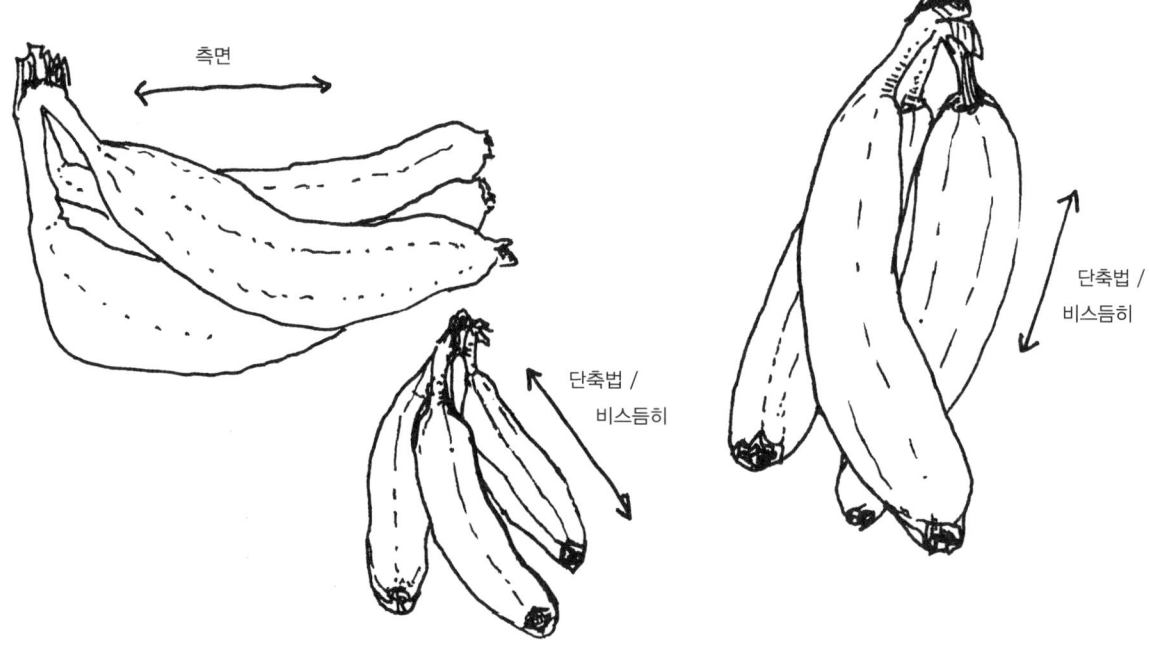

단축법으로 자연물 그리기

대상이 항상 반듯한 각도로 있는 것은 아닙니다. 대상을 비스듬히 그리거나 단축법을 적용하여 형태가 어떻게 바뀌는지 확인해보세요. 눈을 가늘게 떠서 초점이 흐려지게 하거나 윤곽선 그리기로 '새로운' 형태를 파악하세요.

정확한 원근법 파악하기

그림에서 정확한 원근감 표현은 특히 까다로운 부분입니다. 대상을 측면이나 정면에서 보면 기본 형태를 비교적 쉽게 재현할 수 있습니다. 하지만 같은 대상을 다른 각도로 보면 형태도 달라집니다. 앞에서 대상의 형태를 이루는 기하학 도형을 찾아보라고 했지요. 이제부터는 원, 정육면체, 원통과 같은 기본 도형을 다양한 각도로 그리는 법을 익혀야 합니다. 원근법에 관해 더 자세히 알아보려면 184쪽 '풍경' 항목을 참조하세요.

소금 통, 칫솔, 신발, 반려동물 등 실내에서 대상을 찾아 단축법 스케치를 연습해보세요.

원

측면에서 보았을 때   비스듬히 보았을 때

정육면체

측면에서 보았을 때   비스듬히 보았을 때

원통

 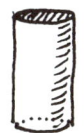    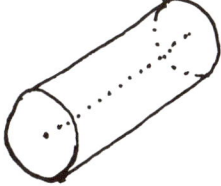

측면에서 보았을 때   비스듬히 보았을 때

평행선과 수평선

찰스 E. 로스 그림

원근법 기본 법칙

- 화면과 평행한 물체의 표면은 실제 형태대로 나타납니다.
- 물체는 눈으로부터의 거리에 비례하여 점점 더 작아집니다.
- 후퇴하는 평행선은 눈에서부터 전체 소실점을 향해 수렴하는 것처럼 보입니다.
- 물체의 표면은 화면과 이루는 각도에 비례하여 단축됩니다.
- 화면과 평행한 원은 원으로 나타납니다.
- 화면과 비스듬하게 놓인 원은 단축되어 타원으로 나타납니다.
- 물체는 눈으로부터의 거리에 비례하여 점점 더 흐릿해집니다.

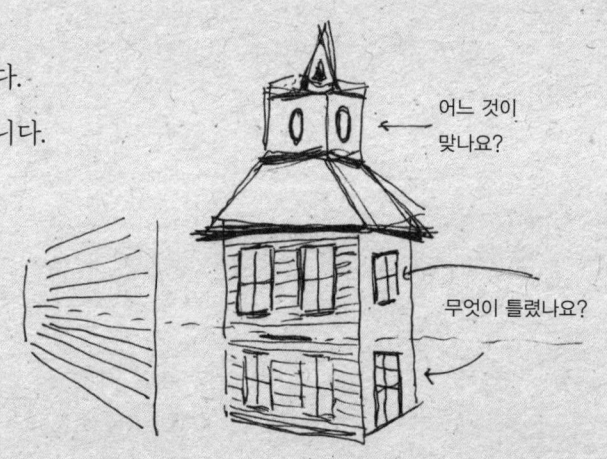

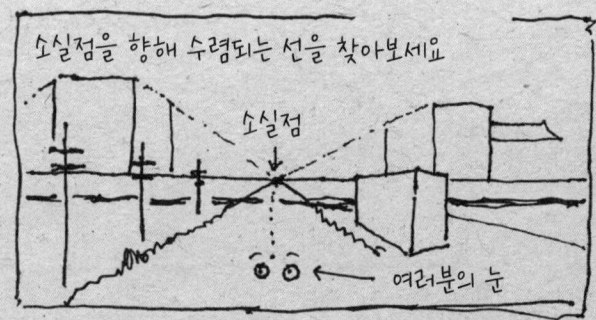

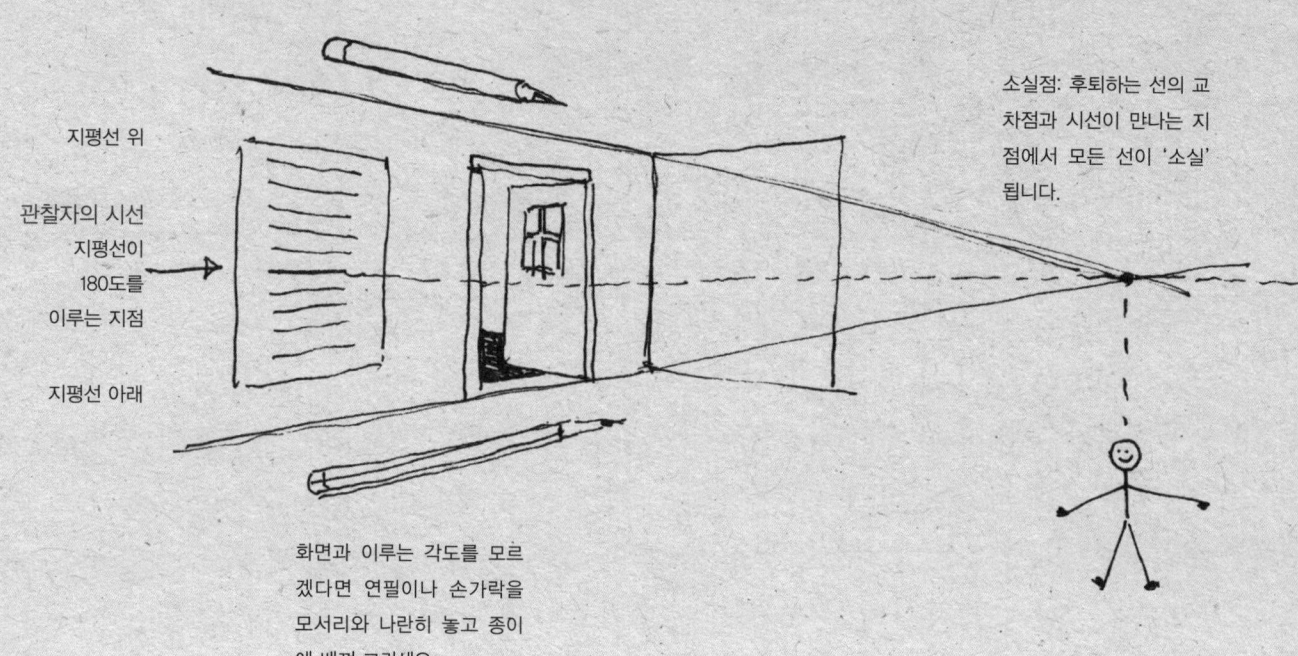

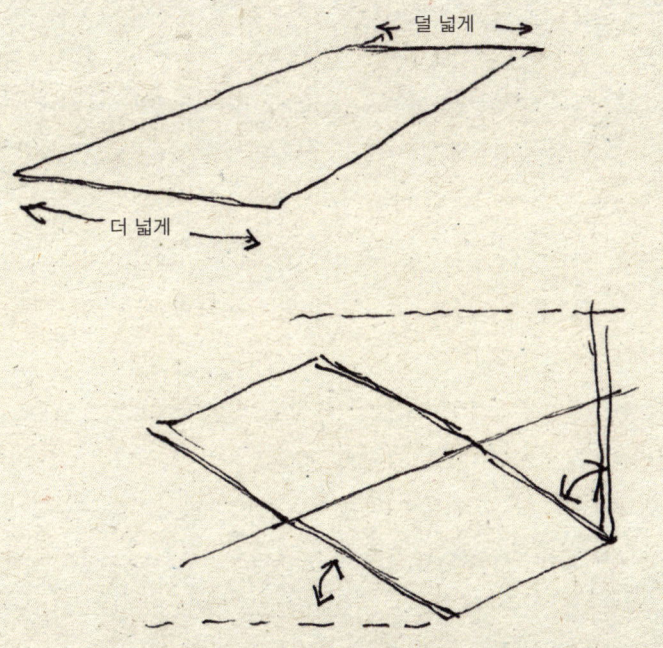

덜 넓게

더 넓게

원근법의 핵심은 정확한 각도입니다.

타운라인 로드에서 내다본
노스할로 로드
버몬트주 로체스터
12:30 2019/8/9

채색하기

색연필은 편리한 채색 도구입니다. 크레용과 마찬가지로 나뭇잎은 초록색, 꽃은 빨간색, 꿀벌은 노란색을 쓰면 됩니다. 색연필 하나하나가 이미 조합된 색이기 때문이지요. 좀 더 다양한 색을 만들어보고 싶다면 다른 색 위에 (원하는 채도에 따라) 살살 혹은 꾹꾹 눌러서 덧칠하면 됩니다. 굵은 색연필은 가는 색연필보다 색이 짙고 질감이 부드러워 다른 색과 잘 어우러집니다. 흰색 또는 크림색은 다른 색을 연하게 만들거나 하이라이트를 넣을 때 좋습니다.

색연필은 실수를 해도 대부분 지울 수 있습니다. 수채 물감, 수채 연필, 크레용, 펜과 잉크 등 다른 매체와 혼합할 수도 있습니다. 색연필로 채색하려면 밑그림은 연필보다 펜과 잉크로 그리는 것이 좋습니다. 연필 선이 번져서 색이 탁해질 수 있으니까요.

훌륭한 입문서로 벳 보지슨의 《색연필(The Colored Pencil)》이 있습니다. 나는 그림을 처음 배우는 학생들에게 색연필을 사용하길 권합니다. 수채 물감도 좋지만 사용하기가 여러모로 까다롭거든요. 86쪽 '수채화에 관한 조언'을 참조하세요.

아기 새의 소리가 계속 들려왔다

암컷 - 계속 뭔가 먹고 있다

색으로 즐겁게 실험해보세요.
음영을 겹겹이 넣을수록 그림이 얼마나 더 사실적으로 변하는지 시도해보세요.
다양한 색을 활용해보세요. 화집을 보거나 미술관에 가서 다른 예술가들이 어떤 색을 썼는지 살펴보세요.

매자나무 꽃봉오리

중심에서 주변으로 명암을 넣고 밝은색에서 어두운색 순서로 덧칠합니다.

초록색에 빨간색을 살짝 덧칠하고 빨간색에 초록색을 살짝 덧칠하여 두 색이 서로 이어지게 합니다.

중심에서부터 꽃잎에 명암을 넣어 나갑니다. 꽃의 중심을 둥그스름하게, ⌒와 \\\을 사용해 그립니다.

색연필로 채색하면 수채 물감처럼 색이 하나로 섞이지 않고 겹쳐집니다.

색연필 그림은 완성하는 데 10분에서 10시간까지 걸릴 수도 있습니다.

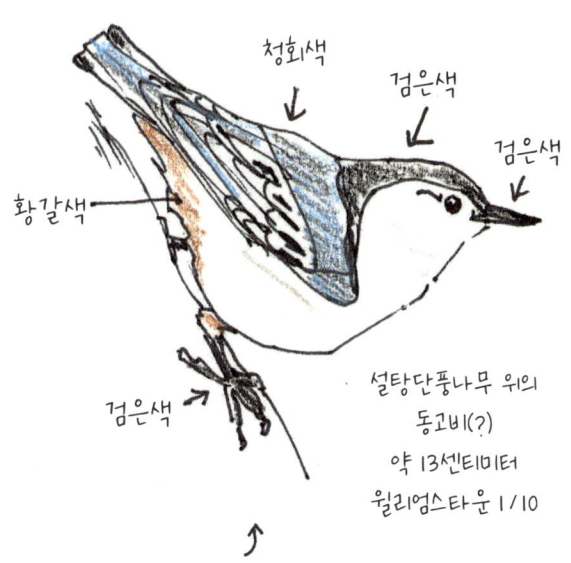
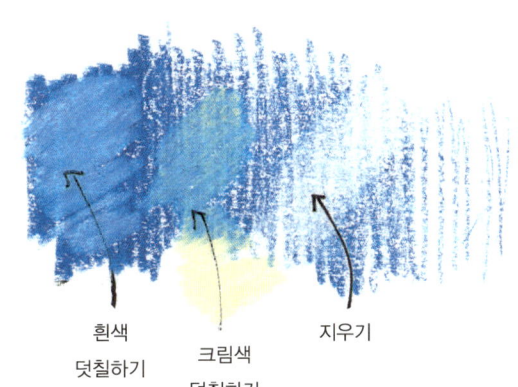

청회색
검은색
검은색
황갈색
검은색

설탕단풍나무 위의 동고비(?)
약 13센티미터
윌리엄스타운 1/10

색연필은 위의 그림에서처럼 현장에서 자연물의 색을 신속히 기록하는 데 많이 쓰입니다.

흰색 덧칠하기
크림색 덧칠하기
지우기

85

수채화에 관한 조언

내 워크숍에서는 수채화 기법을 가르치지 않습니다. 드로잉부터 제대로 배우는 것이 중요하다고 생각하기 때문입니다. 수채 물감 사용법은 완전히 별개의 주제이며 이 책에서 다루기에는 내용이 너무 방대합니다. 하지만 수채화에 흥미가 있거나 수채화를 그려본 적이 있다면 저렴하고 품질도 훌륭한 물감 세트가 많으니 사용해보세요. 내 경우 현장에서는 프랭(Prang)의 16색 불투명 세트를 사용합니다. 내 일기장의 많은 그림은 수채 물감으로 채색했지만 딱히 종이에 스며들거나 번지지 않았습니다. 끝이 뾰족하고 납작해지지 않는 붓을 사용하세요. 손잡이가 물통 구실을 하는 워터브러시를 선호하는 사람들도 있습니다.

풍경이나 식물, 야생동물을 수채 물감으로 그리는 법을 잘 설명한 책이 많습니다. 강습을 받고 싶다면 먼저 강사가 수채 물감을 어떻게 사용하는지, 그 기법이 여러분의 관심사와 맞는지 알아보는 게 좋습니다.

입문자를 위한 요령

- 수채 연필로 색연필과 똑같이 채색한 다음 물 묻힌 붓으로 문질러 번지게 합니다(93쪽 상단 그림 참조). 밑그림은 지워지지 않도록 유성 펜이나 연필로 그리세요. 붓에 물을 너무 많이 묻히면 색이 흐리멍덩해지니 주의하세요.

- 조색(調色) 연습을 하면서 어떤 색이 나오는지 살펴보세요. 예를 들어 빨간색, 파란색, 노란색을 섞으면 어떤 색이 될까요?

- 연필로 대강의 형태를 스케치한 다음, 물감을 덧칠하고 붓에 묻힌 물감과 물의 양을 다양하게 조절하면서 색조와 색감을 표현해봅시다. 붓의 치수, 종이의 종류, 물의 양에 따라 큰 차이가 생겨납니다.

- 실험하세요. 실수하세요. 다른 사람들로부터 배우세요. 신나게 즐겨보세요!

수채 물감을 추상적으로 활용해 그 효과를 즐겨보세요. 나는 매 계절이나 특정한 날에 맞춰 색채 팔레트 만들기를 좋아합니다. 왼쪽 그림은 현장에서 관찰한 것이 아니라 내 기억 속에 남은 장면입니다. 아래 그림은 차를 세워놓고 그 안에 앉아서 그렸습니다.

89번 도로, 버몬트   늦겨울 달넘이   클레어 워커 레슬리 1996

89번 도로, 키어사지산   늦겨울 폭풍, 뉴햄프셔 방향   클레어 워커 레슬리 1996

흰올빼미
1/27

나만의 수채 물감 사용법 찾기

나는 수십 년 동안 수채 물감을 사용해왔습니다. 색채 이론을 공부했고 다양한 색으로 이런저런 시도도 해보았지요. 그 모든 걸 누구에게 배웠을까요? 존 싱어 사전트, 윈즐로 호머, 데이비드 호크니, 라스 욘손, 존 버스비의 그림에서 배웠답니다. 미술관, 화집, 심지어 친구네 집 벽에서도 볼 수 있는 화가들이죠.

4장

기록 요령

자연 관찰 일기는 실외에서든 실내에서든, 어디서든 기록할 수 있습니다. 생명체가 있는 곳이라면 어디에서나 관찰을 시작할 수 있습니다. "자연 관찰은 어떻게 시작해야 하지? 대답은커녕 어떤 질문을 해야 할지도 모르겠는데"라는 생각에 막막할지도 모릅니다. 하지만 누구나 한때는 참새와 울새도 구분 못하는 문외한이었던 적이 있습니다. 호기심이 여러분을 정답으로 이끌어줄 겁니다.

자연을 그리고 일기를 쓰고 싶은 이유도 생각해보세요. 의무감이 느껴지는 것 같고 그리거나 기록하는 과정이 즐겁지 않다면 억지로 하지 마세요. 다만 몇 분이라도 야외에 나가서 보고 듣고 주의를 기울이세요. 내가 가르친 어느 학생은 이렇게 말했습니다. "나는 우울한 사람이었어요. 일기장을 들고 나가서 나를 둘러싼 자연에 주목하기 전까지는요."

만발한 별목련

여러분이 사는 지역의 자연을 자세히 알아보고 싶다면 그곳을 잘 아는 사람들을 찾아보세요. 동네 도서관에서 책을 찾아보고 지역 자연 및 교육 센터의 강습과 워크숍에 등록하세요.

다양한 공간을 이용하여 관찰력을 기르고 거주 지역을 새롭게 인식할 수 있습니다. 여러분의 집 뒤뜰이나 정원에서 시작하세요. 지역 공원이나 숲, 자연 센터를 찾아가세요. 가까운 강가나 연못가를 산책하세요. 개를 산책시키거나 출퇴근하면서 자연에 관해 생각해보세요. 버스 정류장이나 달리는 차 안에서도 얼마나 많은 생명체를 발견할 수 있는지 알면 놀랄 거예요.

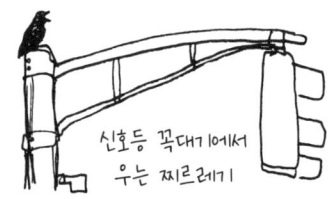

신호등 꼭대기에서 우는 찌르레기

외출이 어려운 사람도 실내에서 자연을 접할 수 있습니다. 감기로 실내에 틀어박혀 있거나 약속 상대를 기다릴 때도 창문을 통해 하늘, 구름 모양, 비나 햇살을 볼 수 있지요. 새가 날아다니나요? 나무가 바람에 흔들리고 꽃이 피고 꿀벌이 지나가나요?

온전히 주목하기

자연을 관찰할 때는 눈앞의 풍경에 완전히 몰입해 사소한 것 하나하나에 주목하세요. 앉아서 마음속으로 이런 질문들에 대답해보세요.

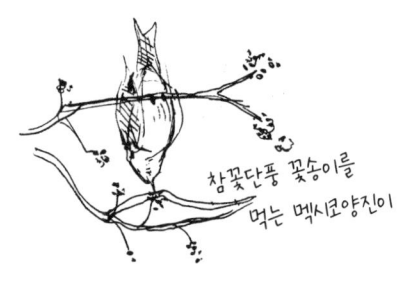

참꽃단풍 꽃송이를 먹는 멕시코양진이

진홍색 꽃 수술

- 어떤 빛과 색, 형태, 패턴이 눈에 띄나요?
- 이곳에는 어떤 식물이 자라나요? 어떤 나무가 있나요? 식물과 나무의 종류를 식별해보세요.
- 식물의 성장에 영향을 미치는 요소는 무엇인가요?
- 이곳에는 어떤 새들이 사나요? 그 이유는 무엇인가요?
- 이곳에는 어떤 곤충이 사나요?
- 이곳에는 인간 외에 어떤 동물이 사나요? 실제 동물을 볼 수 있나요, 아니면 생존 흔적만 보이나요?
- 낮에는 어떤 동물이 보이나요? 새벽이나 해질녘 또는 밤에만 활동하는 동물은 무엇이 있나요?
- 인간은 이곳에 어떤 영향을 미쳤나요? 얼마나 최근의 일인가요? 어쩌다 그렇게 됐을까요?
- 50년, 100년, 200년 전에는 이곳이 어떻게 보였을까요?
- 이곳의 동식물은 시간이 지남에 따라 어떻게, 왜 변화했을까요?
- 기후 변화가 이곳의 자연에 어떤 영향을 미치고 있나요?

올해의 첫 신선나비가 길 건너편으로 날아간다

브로드무어 오듀본 보호구역 1996/5/21 7:19pm 비가 올 듯 후텁지근함

듣다:

우는비둘기
큰캐나다기러기
붉은날개검은새
황금솔새
홍관조
초록황소개구리
큰솜털딱따구리

스탠리가
단풍나무 수액 150리터를 끓여
시럽 3.8리터를 만들고 있다!
나무 때는 난로에
장작 30세제곱미터를 태워 시럽을 끓인다.
3월의 제당소에 달콤한 수증기가 가득하다

12/21 9/21   3/21   6/21
4:12pm 5:49pm 5:55pm 8:40pm
                     해넘이

우리 집에서 본 서쪽 풍경

겨울 ⇌ 봄 ⇌ 여름
      가을

매년 서쪽으로 해가 지는 경로

북쪽에 사는 사람은
이맘때면 실내에서 지내는 시간이 늘어납니다.
남쪽에 사는 사람은 그렇게 춥지는 않겠지만
식물의 생장기는 끝났을 거예요.
물론 남반구에 산다면
이제 여름이 시작되겠지요!
요즘 같은 계절에
실내에서 무엇을 하며 지내는지 그려보세요.

12월 15일
겨울 실내 이야기

어두침침한 날씨를 견디려고 전등과 양초를 켜고 호랑가시나무 가지, 수선화 꽃을 장식한다.

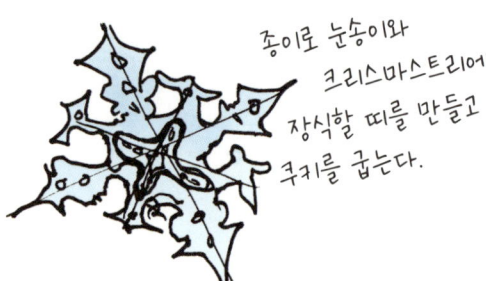

외출할 수 없게 된 맥스와 클리오가
온 집안을 뛰어다닌다.

종이로 눈송이와
크리스마스트리에
장식할 띠를 만들고
쿠키를 굽는다.

우리 집 발코니에서
일어나는 일들

오 멕시코양진이

추수감사절에 쓰고 남은 옥수수

매일의 변화 기록하기

꾸준히 일기를 작성하면서 과거의 관찰 내용을 되돌아보면 날마다, 계절마다, 해마다 자연의 지속적인 변화를 확인할 수 있는 풍부한 자료가 쌓입니다. 아래 차트는 낮과 밤의 흐름을 추적하기 위해 내가 직접 만든 것입니다. 북반구에서는 12월까지 짧아지는 낮과 길어지는 밤, 날마다 바뀌는 달의 위상, 날씨와 기온 변화를 흥미롭게 좇아갈 수 있습니다. 1월 초가 되면 낮 기온이 일 년 중 가장 낮아지지만 밤도 점점 짧아지면서 봄을 향해 나아가기 시작합니다. 지구의 동서남북 어디에 살든, 심지어 적도 바로 아래에 살더라도 계절 변화는 시간 인식에 영향을 미칩니다. 우리가 알아차리든 그러지 못하든 간에 우리 자신도 변함없는 계절 주기의 일부분입니다. 북쪽에서는 겨울이 오면 실내에서 더 오래 지내고, 외출하기 전에 옷을 꼭꼭 껴입고, 삽으로 눈을 퍼내고, 축제의 조명 불빛을 즐기게 됩니다. 일 년 중 특정한 날짜가 여러분에게 어떤 의미인지 그림을 그리거나 글을 써서 일기 한 페이지를 작성해보세요.

> 예리한 눈, 사소한 것들에 대한 약간의 관심, 계절 변화를 민감하게 느끼는 감수성만 있다면 말 그대로 침실 창밖에서도 세렝게티 공원을 발견할 수 있다. 보는 법을 배우기만 하면 된다.
>
> 해외에서나 국내에서나 대중에 만연한 선입견이 있다. 자연계에서 가장 흥미로운 것은 머나먼 지역이나 특별히 지정된 영역에서만 볼 수 있다는 선입견 말이다.
>
> 존 핸슨 미첼
> 《뒤뜰 관찰 도감》

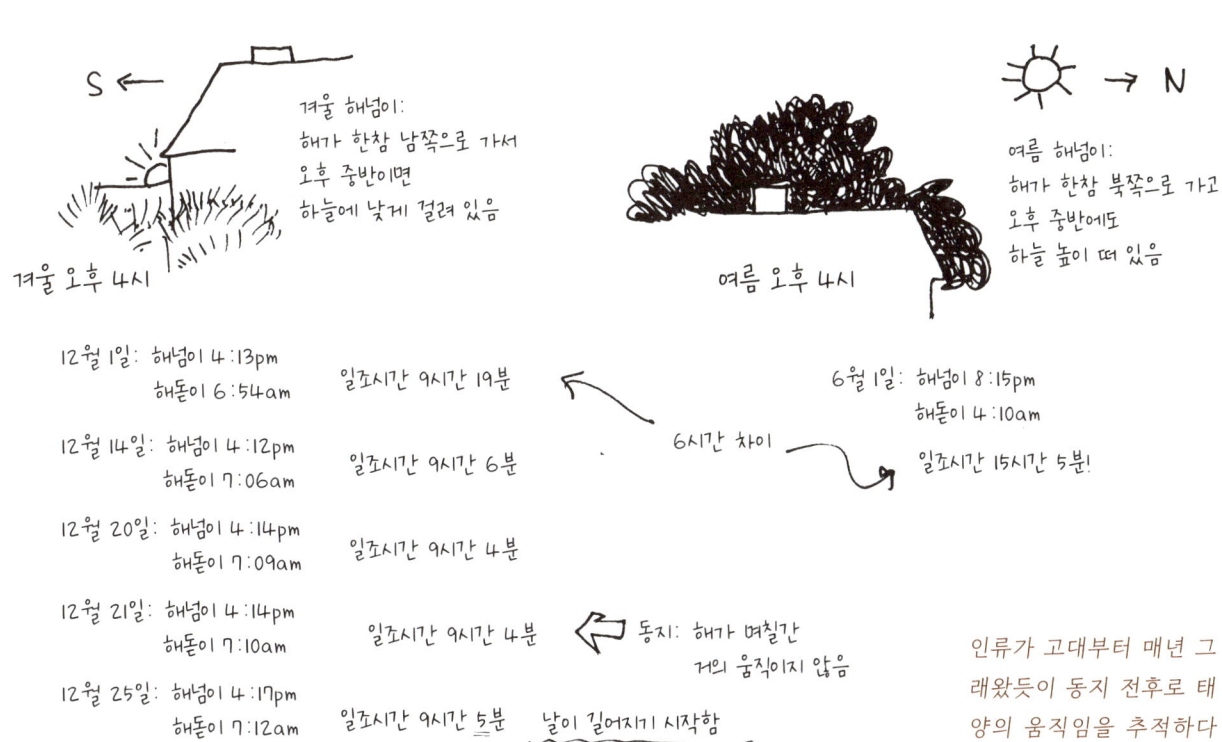

인류가 고대부터 매년 그래왔듯이 동지 전후로 태양의 움직임을 추적하다 보면 결국은 봄이 돌아온다는 것을 새삼 깨닫게 됩니다.

| 오늘의 특별한 이미지 |

나는 오래전부터 '오늘의 특별한 이미지'를 찾는 습관을 들였습니다. 심경이 복잡하거나 일상이 지루하거나 깊은 시름에 잠길 때 마음을 다잡게 해주는 야외에서의 특별한 이미지입니다. 이 책 3판을 준비하던 2020년에는 코로나 바이러스가 유행했고 전 세계에 인종적·정치적 불의에 대한 각성이 있었지요. 나는 이런 분위기를 일기장 제55권에 기록했습니다. 어떤 상황에서든, 심지어(어쩌면 특히) 절망이나 슬픔이나 분노나 권태를 느낄 때 우리를 둘러싼 세상에 주목하면 기분이 나아지고 망쳐버린 것 같던 하루가 되살아납니다. 물론 이런 이미지가 평화와 행복, 감사의 순간을 더욱 강렬하게 만들어주기도 합니다.

어머니가 죽어가고 아이들은 내 마음을 이해해주기엔 너무 어렸던 시절, 내게는 이런 순간과 이미지가 아주 많이 필요했습니다. 세 시간씩 걸리는 거리를 차로 오가며 어머니 곁에 있어주고 아이들을 돌볼 수 있었던 힘은 '오늘의 특별한 이미지'들 덕분이었어요. 하지만 그 용어 자체가 어디서 나왔는지는 지금까지도 잘 모르겠습니다. 1993년 여름에 시작된 이 습관은 지금까지도 계속되고 있으며 언제나 내게 세상에 감사하는 마음을 불어넣어줍니다.

나이를 먹고 더 많은 슬픔과 상실을 견딜 수 있게 되면서, 적어도 자연에서는 모든 것이 지속된다고 확신시켜주는 이런 순간이 점점 더 소중해졌습니다. 오늘의 특별한 이미지는 공짜이고 쉽게 찾을 수 있으며 찾는 데 특별한 재능이 필요하지도 않습니다. 그리고 항상 우리 곁에 존재합니다.

오늘의 특별한 이미지 — 8월 1일 그랜빌에서 시작

(그날그날 저녁에 기억을 더듬어 쓰고 그림)

어머니가 죽어가던 무렵 나는 매일 이 습관을 지렛대 삼아 삶의 균형을 잡고 힘겨운 하루하루를 헤쳐나갔다.

8/16 - 식품점 옆 소나무에 거꾸로 매달린 보석 같은 빗방울. 사물을 보고 그림을 그릴 때 나는 다시금 편하게 숨 쉴 수 있다.

8/17 - 로체스터 우체국 뒷방에서 기묘한 짹짹-소리가 들렸다. 물어보니 펜실베이니아에서 병아리가 50마리 가까이 든 커다란 상자가 발레리 브라운의 닭 농장 앞으로 도착했다고 한다! 또다시 짹짹 소리가 들려 와서 다들 웃음을 터뜨렸다...

8/18 - 우드스탁에서 강의를 마치고 집으로 돌아오는 길에 넓적날개말똥가리 한 마리가 날개 치며 내려오더니 도로변에서 들쥐처럼 보이는 것을 낚아챘다. 너무 가까워서 반짝이는 눈빛까지 보일 것 같았다. 그 녀석은 생명에 관해 무엇을 알고 있을까?

8/19 - 파랑새 암컷이 날아와 목제 접이의자에 앉았다. 어머니를 잃는 슬픔과 고통에 관해 테리 템페스트 윌리엄스와 이야기하고 있었는데, 때마침 나타난 푸른빛 생명체가 잠시나마 우리 마음을 달래주었다.

8/20 - 비가 오락가락한다. 끈적끈적하고 묵직한 귀뚜라미 소리가 들려온다. 도로 군데군데 물이 고였다. 오늘 어머니가 말기 암이고 몇 주 남지 않았다는 소식을 들었다. 오늘을 견뎌내려면 또 무엇에 매달려야 할까? 어둑한 산 위로 회색 안개가 낮게 깔리고, 안개 위로 높이 까마귀 한 마리가 맴돈다.

8/23 - 🌙 고속도로와 병원에서 돌아올 때 식사하러 들르는 맥도날드 너머 동쪽 하늘에 여름 달이 뜬다. 한참 차오르는 중이다. 나중에 진입로로 들어서는데 박쥐 한 마리가 차를 스쳐가며 윙크한다.

8/24 - 에릭과 애나는 잠들었다. 난 잠이 안 온다. 계단에 앉아 초원 귀뚜라미의 깊은 윙윙거리는 소리를 듣는다. 내 숨소리에 맥박 소리가 합류한다. 코요테가 짖는다.

8/27 - 오늘의 이미지는 뭘까? 애나가 골랐다. 몰리와 바비의 정원에 피어 달콤한 향기를 풍기는 진홍색 장미. 어머니가 좋아하는 향기다.

8/28 - 우리 동네 산등성이 위로 보름달이 떠오르는 동안 어머니와 통화했다. 어머니는 달이 어떻게 보이는지 묻고 나는 설명한다. 우리 둘은 그 떠오르는 천체를 함께 지켜본 세월을 기억한다. 앞으로도 수년 동안 계속 그럴 것이다...

오늘의 이야기

2:30pm 29.5도 맑음

8/15 목요일
케임브리지

오늘의 교훈:
볼일을 보러 갈 때도
쌍안경은 꼭 챙기자!

프로스트가와 로즐랜드가의
교차점을 향해 걷다 보니
친숙하지만
왠지 위화감을 주는
소리가 들렸다.
크고 뚜렷한 '클리 클리 클리 클리'
(데이브 시블리의 표현에 따르면)
소리가 집요하게 계속되었다.
붉은꼬리매는
아니었다.

레즐리 대학교
주차장에 도착했을 때
가로등 꼭대기에
앉아 있었다.

특유의
구레나룻 무늬가
뚜렷이 보였다.

아메리카황조롱이

몸을 위아래로
들썩거리면서
울고 있었다.

어디가 아픈 건지 궁금해서
가까이 다가가
손뼉을 쳤더니
서머빌 방향 철로 위로
날아가 사라졌다.
어디에
　둥지를 틀었을까?
　누구를 위해
　잡은 쥐일까?

비둘기나 찌르레기가
지나쳐가도 아랑곳하지 않는다.

꼬리깃
털갈이 중

8/29
목요일 1:30pm
감동적이고 즐거운 순간

제왕나비 5마리가
우리 집 박하 위로
행복하게 날아다녔다
(나는 그들이
어느 꽃의 꿀을 빨아먹는지
확인하려고 애썼다).

9/2
월요일 2pm
나비 18마리를 보았다.

4월 1일 3:30pm 눈
새 모이통에 연미복밀화부리 3마리!
내 눈으로 확인했다!
4년 만에 처음이다!
즉시 기록함

8월 13일 9:30pm
연못가.
물 위로 박쥐가 날아갔다!!
불독박쥐 혹은 주거박쥐였다.

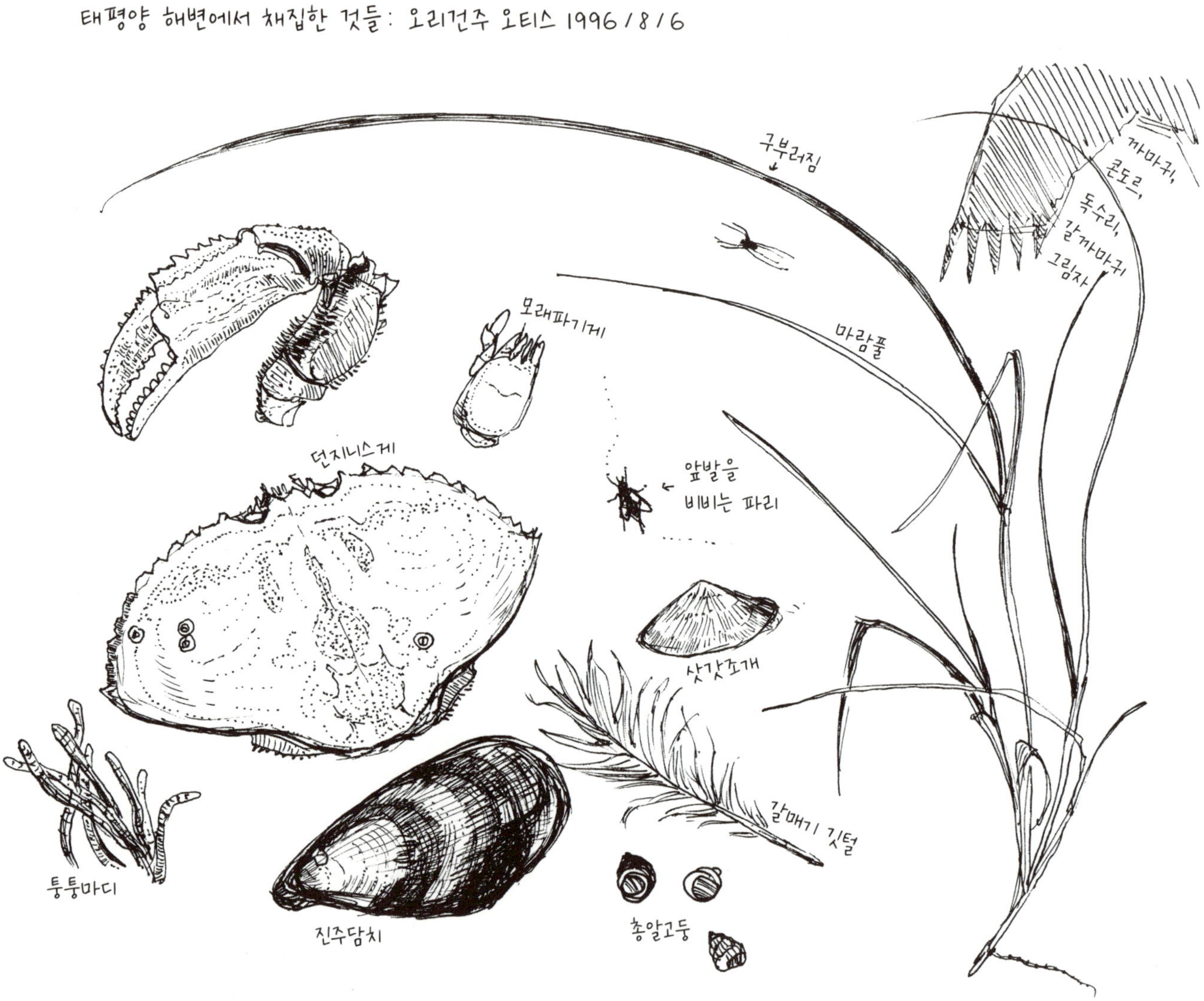

태평양 해변에서 채집한 것들: 오리건주 오티스 1996/8/6

세부 사항 살펴보기

해변이나 숲속, 시골길을 거닐며 자연물을 대여섯 가지 모아봐도 재미있을 겁니다. 실내로 돌아와서 짬이 날 때 일기장에 그려보세요. 저녁 식사를 마치고 다른 사람들이 TV를 보고 있을 때, 혹은 전화 통화 중에도 할 수 있는 소일거리입니다.

대상 하나하나의 세부 사항을 살피면서 더 꼼꼼히 그려볼 좋은 기회입니다. 5분이나 10분 안에 그림을 완성하세요. (그림 그리기, 특히 준비 단계로서의 두 가지 윤곽선 그리기에 관해서는 3장을 참조하세요.)

땅바닥과 나무줄기 위로 짙게 드리운 그림자

늦게 나온 나방! 돌과 잘 어울리는 탁한 회색

하이킹 떠나기

하이킹 중에 서서 그림을 그리고 글을 쓰기는 쉽지 않습니다. 춥거나 습하거나 벌레가 많은 곳에서는 더욱 그렇죠. 일기장을 들고 다니기보다 작은 수첩이나 접은 종이 몇 장을 가져가세요. 간단히 메모해두고 나중에 옮겨 적으세요.

걷다가 걸음을 멈추고 가장 먼저 눈에 들어온 것을 8센티미터 미만 크기로 그립니다. 사물을 지면, 허리께, 나무 꼭대기, 하늘 위 등 다양한 높이에서 보고 그려봅니다. 각각의 높이에서 그림 그리는 시간은 목적과 흥미로운 정도에 따라 다를 수 있습니다.

현재 위치를 떠나기 전에 주위를 빠르게 스케치하고 눈에 들어오는 것들을 적어두는 것도 좋습니다. 나중에 자연 도감을 보면서 일기장에 더 상세하게 그려 넣을 수 있습니다.

* 7월 20일
애팔래치안 마운틴 클럽
프랑코니아 노치 주립공원
론섬 레이크 쉼터
뉴햄프셔주 1:15pm
구름 조금
20도
새:
박새
아메리카솔새 + 검은목녹색솔새
흰꼬리참새
붉은눈비레오
굴뚝새
갈까마귀
매-쇠황조롱이(?)
갈까마귀

등산로를 걸으며 그림

내년 봄에 필 흰 꽃과 분홍빛 수술

단면도 (식물 훼손은 가급적 지양할 것)

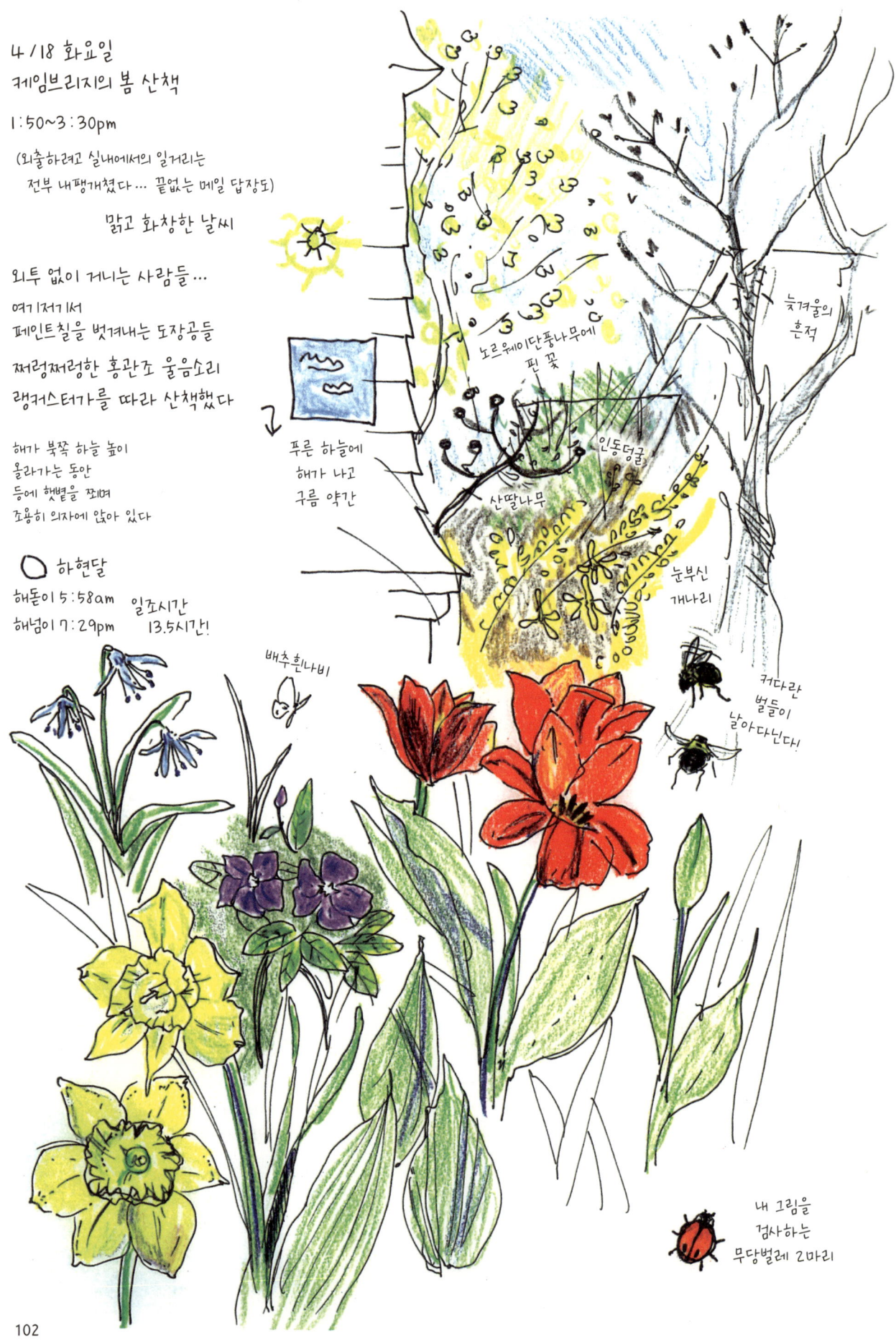

도시 속 자연

도심에서도 계절의 징후를 관찰할 수 있습니다. 하늘 상태, 태양의 위치, 초목의 종류와 성장 단계, 동물의 흔적과 생존… 이 페이지의 그림들은 매사추세츠주 케임브리지의 초등학생들과 함께 45분 동안 그린 것입니다. 학교 운동장 바로 옆에서 이토록 다양한 자연을 발견할 수 있다는 데 모두가 놀라워했습니다. 자연 관찰 일기는 자연에 대한 근거 없는 두려움을 극복하는 데도 좋습니다. 지렁이에 관해 배우고 그려본 아이들은 더 이상 지렁이를 무서워하지 않았습니다.

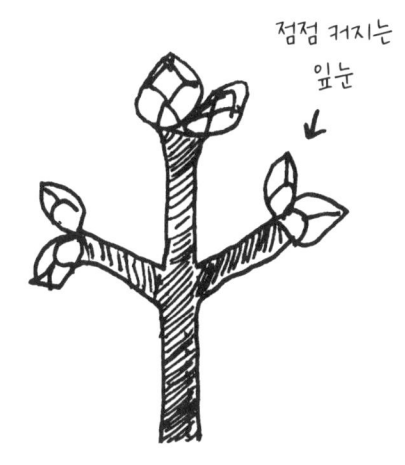

노르웨이단풍나무

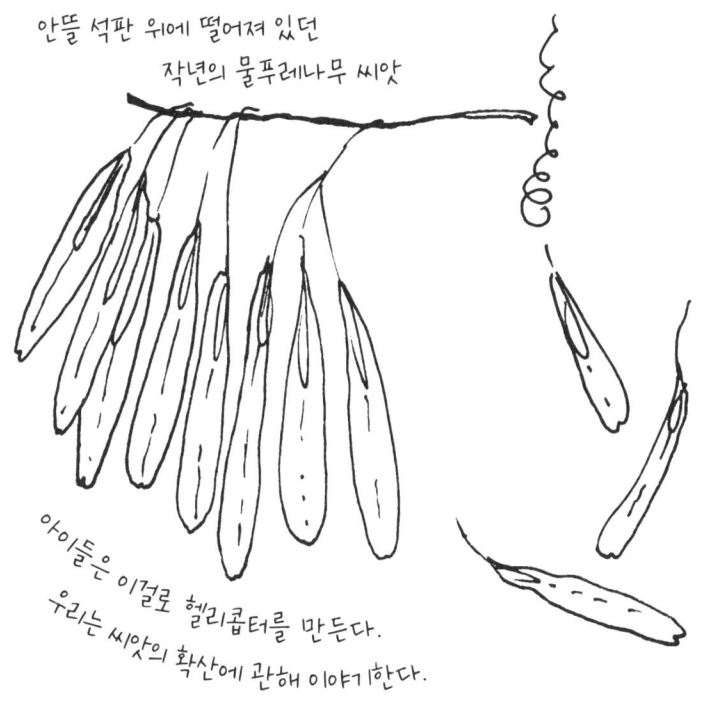

물푸레나무

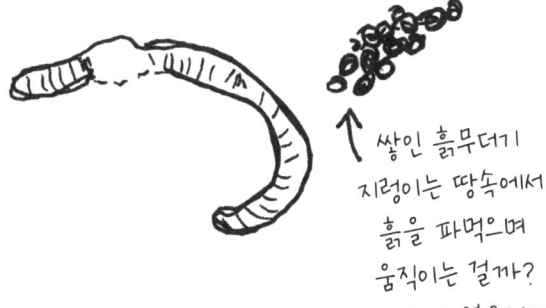

은단풍나무

동네 산책

같은 장소를 일주일에 한 번씩 거닐면서 한 달, 몇 달, 일 년 동안의 변화를 기록하세요.

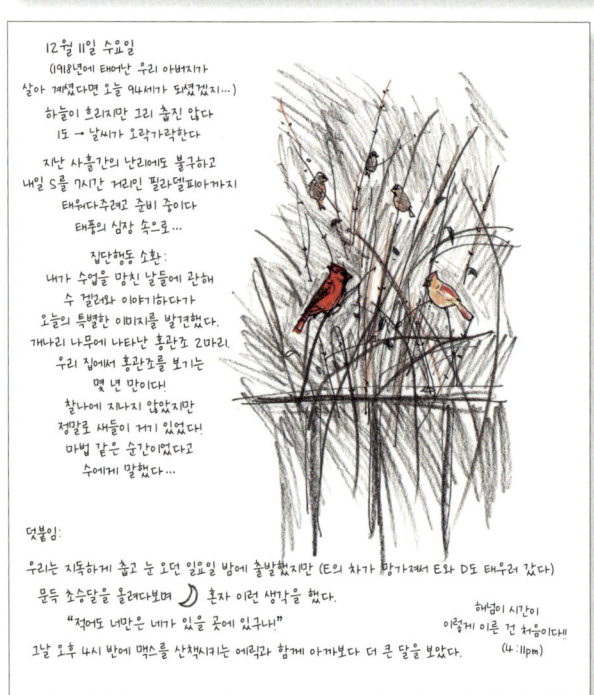

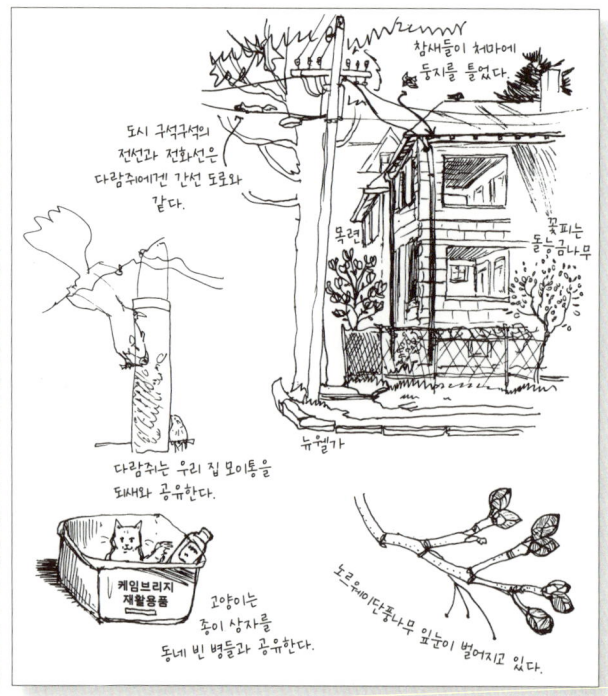

집 근처 관찰하기

가끔은 집 안팎에서 일어나는 일들로 일기장 한 페이지를 채워보세요. 계절에 관한 단상, 정원과 주위 환경의 변화, 지난 하루나 일주일이나 한 달 동안 여러분과 가족에게 일어난 일을 기록해봅시다. 나중에 들춰보면 옛 가족 앨범처럼 한 해를 돌아보며 곱씹는 재미가 있답니다.

일기를 벗 삼으세요

어디서 무엇을 하든 가능한 한 일기장을 곁에 두세요. 관찰하고 기록할 기회는 언제 찾아올지 모르니까요. 무심코 하늘을 올려다보거나 잠시 기지개 켜며 심호흡하는 순간 그런 기회가 스쳐갈 수도 있습니다. 나는 케이프 코드 근교에 틀어박혀 글을 쓴 사흘 동안 일기장을 창가에 두었습니다. 그 덕분에 바다 건너 보이는 풍경과 들판을 지나는 꿩을 재빨리 스케치할 수 있었습니다(시민 과학자를 위한 메모: 이제는 그곳에서 꿩을 볼 수 없습니다).

> 나는 찬미합니다. 새벽녘 산봉우리 사이로 알록달록한 겉껍질처럼 산산이 부서졌다가 시간에 감싸여 사라지는 매일의 날들을.
>
> 애니 딜러드
> 에세이 〈이교도〉 중에서

계절의 지표

계절 일기는 본질적으로 지구를 타고 일 년간 태양을 한 바퀴 도는 여정의 기록입니다. 이 여정에는 이정표가 넷 있는데 바로 춘분, 하지, 추분, 동지입니다.

각 시기마다 관찰하고 기록할 자연물과 현상이 있습니다. 일 년 사계절마다 찾아볼 수 있는 자연 활동, 사물, 변화를 표로 정리했습니다. 이 표의 내용은 내가 사는 뉴잉글랜드 지역에 해당됩니다. 여러분의 거주 지역과 관심사에 따라 적당한 내용을 추가해보세요.

사계절에 따라 관찰하고 그리고 기록할 주제들

계절	새	동물	
가을	- 찌르레기, 매, 거위, 도요 및 물떼새의 활동 변화와 겨울나기 준비, 남쪽으로 이동하는 모습을 관찰해보세요. - 울새, 흉내지빠귀, 참새는 무슨 열매를 먹나요?	- 나비와 잠자리의 이동, 귀뚜라미와 매미와 메뚜기 울음소리의 변화 등 겨울나기를 준비하는 징후를 찾아보세요. - 도롱뇽, 민달팽이, 거미, 쥐며느리, 물고기는 어두운 곳을 좋아합니다.	
겨울	- 어떤 새들이 이동하지 않고 그대로 남아 겨울을 나요? 어디에 머무나요? - 홍관조, 참새, 우는비둘기, 어치 등 모이통에 찾아오는 새들의 습성을 관찰해보세요. - 올빼미, 매, 칠면조, 오리, 독수리, 까마귀 등 야생 조류를 찾아보세요.	- 겨울에도 계속 활동하는 동물은 무엇이 있나요? - 그런 동물들은 무엇을 먹고 사나요? - 겨울잠을 자거나 죽는 동물은 무엇이 있나요? - 집파리, 거미, 지네, 토끼, 청설모, 여우, 미국너구리, 사슴, 엘크 등 겨울에 활동하는 동물을 관찰해보세요. - 진흙이나 눈에 찍힌 발자국을 찾아보세요.	
봄	- 쇠오리, 바다오리, 꾀꼬리, 참새 등 남쪽에서 가장 먼저 돌아오는 새들을 기다리세요. - 찌르레기, 참새, 까마귀, 울새, 홍관조 등 근처에 둥지를 트는 새들의 행동을 살펴보세요.	- 겨울잠에서 깨어나거나 남쪽에서 돌아오는 나비, 지렁이, 다람쥐, 곤충, 개구리와 두꺼비, 연어, 청어, 순록과 다양한 새를 관찰해보세요.	
여름	- 울음소리와 서식지로 새를 식별하는 연습을 해보세요. - 조류 도감을 읽고 어치, 박새, 까치, 붉은꼬리매, 멧종다리, 청둥오리, 재갈매기, 검은부리아비 등의 새를 그려보세요.	- 개구리, 두꺼비, 뱀, 도롱뇽, 거북이, 거미, 지렁이가 활발하게 번식하는 시기입니다. 각 동물의 활동을 기록해보세요. - 귀뚜라미, 부엉이, 쥐 등 야행성 동물이 내는 소리에 집중하세요. - 지역에 서식하는 동물을 조사하고 그리면서 그들의 습성을 배워보세요.	

식물	날씨와 풍경	계절별 행사
- 어떤 식물이 가장 늦게 꽃을 피우나요? 개미취, 미역취, 치커리, 금잔화, 해란초? - 어떤 나무와 관목에 단풍이 들고 낙엽이 지나요? - 다양한 나무의 씨앗, 견과류, 열매를 관찰하고 그려보세요.	- 날씨 변화를 관찰해보세요. - 구름 모양, 해넘이 풍경, 비가 오는 패턴을 그려보세요. - 자연의 소리 중 어떤 것이 변하고 있나요? - 사는 지역에서 낮이 짧아지기 시작하는 시기를 알아보세요. - 나무 형태와 색의 변화를 작은 풍경화에 담아보세요.	- 추분 - 초막절(유대교 축제) - 핼러윈 - 추수감사절 - 가을 축제 - 사우인(켈트 축일)
- 겨울나무의 윤곽선을 그려보세요. - 낙엽수의 나뭇가지, 잎, 꽃봉오리 모양을 관찰해보세요. - 상록침엽수의 씨앗과 열매를 관찰해보세요. - 상록활엽수의 잎과 꽃봉오리를 관찰해보세요.	- 날씨 변화에 집중하세요. - 눈송이 형태를 그려보세요. - 비가 오는 패턴을 관찰하세요. - 달의 위상을 기록하세요. - 별자리 모양을 그려보세요. - 12월 22일부터는 낮이 점점 길어집니다. - 이맘때의 나무와 땅을 작은 풍경화로 그려보세요.	- 동지 - 하누카(유대교 축제) - 대림절과 크리스마스 - 콴자(아프리카계 미국인의 축제) - 새해 - 그라운드호그 데이
- 가장 먼저 핀 봄꽃을 찾아보세요. 북반구에서는 크로커스, 설강화, 수선화, 남반구에서는 선인장, 아마릴리스, 포인세티아가 핍니다. - 그해에 처음으로 새 잎과 꽃을 발견한 나무를 기록하세요. - 고지대에서 저지대까지 식물에 꽃이 피는 순서를 그려보세요.	- 비와 눈, 진흙탕, 기온 변화 등 변덕스러운 날씨의 징후를 기록하세요. - 진흙탕에 찍힌 동물 발자국을 찾아보세요. - 3월 21일 또는 22일 이후로는 낮이 눈에 띄게 길어집니다. - 봄기운이 느껴지는 나무와 땅을 작은 풍경화로 그려보세요.	- 춘분 - 지구의 날 - 부활절 - 유월절 - 오월제 - 식목일 - 발타너(켈트족 여름 축일)
- 뒤뜰, 공원, 버려진 공터, 들판, 초원에 서식하는 식물을 기록하세요. - 나만의 정원을 만들고 거기 자라는 식물을 그림과 글로 남기세요. - 휴대용 식물도감을 들고 다니며 어디서 무엇이 자라는지 식별해보세요.	- 지역 신문, 라디오 방송, TV, 천문대, 달력 등을 활용하여 날씨를 조사하세요. 한 달간 매일 날씨를 기록하세요. - 6월 21일 또는 22일부터는 낮이 점점 짧아집니다. - 여름 풍경을 그려보세요.	- 하지 - 아메리카 원주민의 태양 춤 - 라마스(8월 1일, 켈트력의 가을) - 추석

자연 관찰 일기 샘플

지니 리스, 노스캐롤라이나주 샌퍼드

나와 인연이 있는 스승, 동료, 제자들이 너그럽게도 자신의 일기장을 공유해주었습니다.
자연 관찰 일기가 얼마나 다양할 수 있는지 실감하게 됩니다.

엘리너 클라크, 몬태나주 보즈먼

2019 / 4 / 13

동물원 스케치
검은꼬리프레리도그

일광욕 중

이따금씩
꼬리가 움찔거린다.

갉아먹기

개처럼
몸을 굽는다.

한 놈이 몸을 일으키며
찍 소리를 내면
다른 놈도 발딱 일어나서
찍찍거린다.

프레리도그↑   서양배↑

프레리도그 넷—
다들 엉덩이가 튼실한
서양배 체형이다!
어느새 여덟 마리로 늘었다.
땅속에는 몇 마리나 더 있을까?
날씨가 따뜻해져서인지
오늘 아침은 다들
싹싹하고 활달하다.

땅 위로 몸을 쭉 뻗는다.

기도 자세

살찐 녀석

둘이 눈싸움 중이다—북슬북슬해진
꼬리를 빳빳이 세우고 있다!

← 땅바닥에
납작하게 엎드린다.

마기 오브라이언, 뉴멕시코주 앨버커키

캐런 다브로스카, 로드아일랜드주 손더스타운

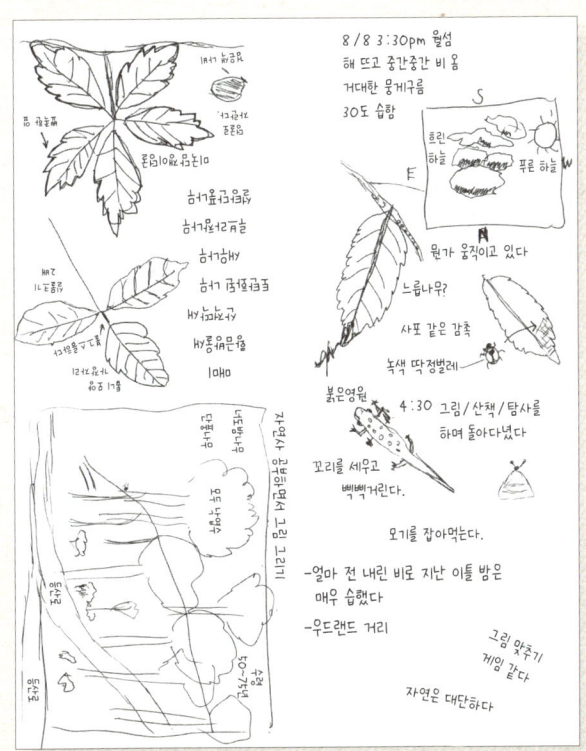

리사 소스빌, 버몬트주 버젠스

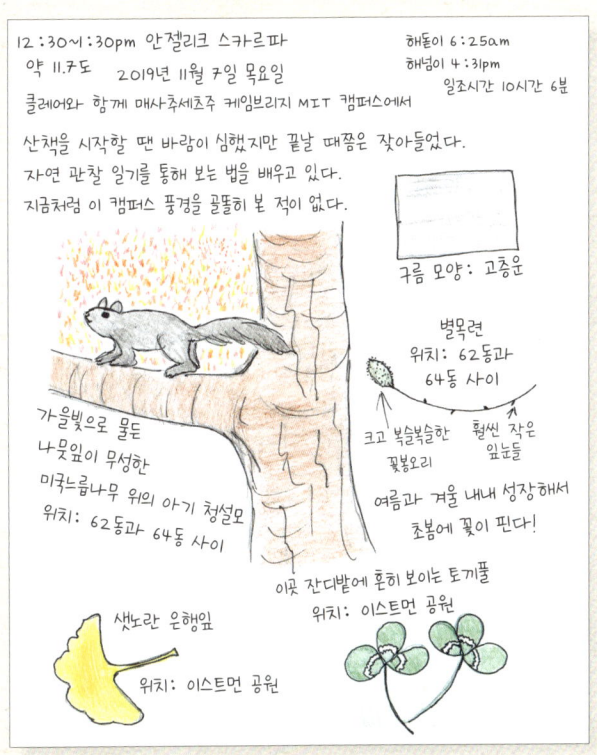

안젤리크 스카르파, 매사추세츠주 워터타운

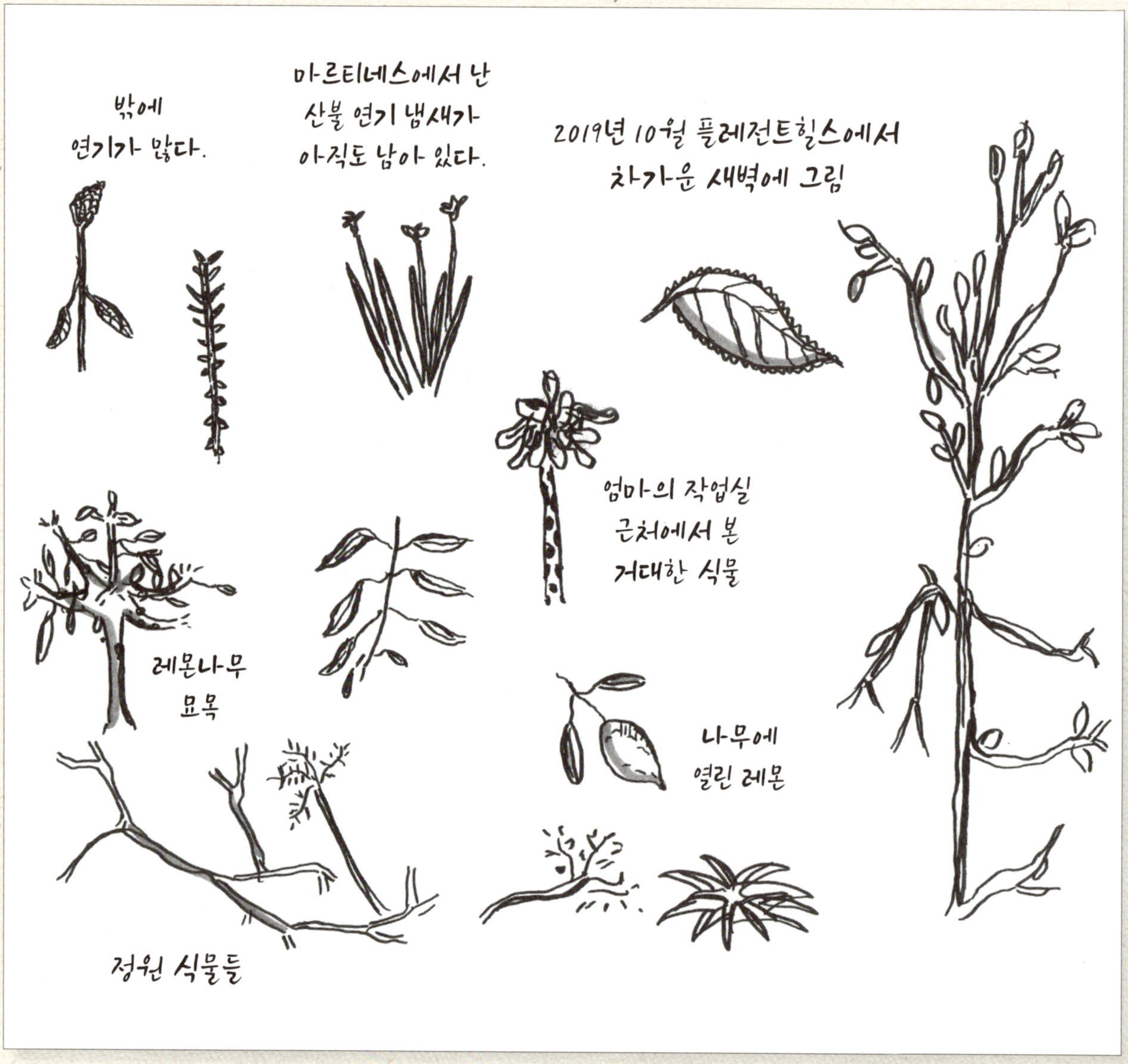

조나 매티오(10세), 캘리포니아주 플레전트힐스

린 볼드윈, 브리티시컬럼비아주 캠룹스

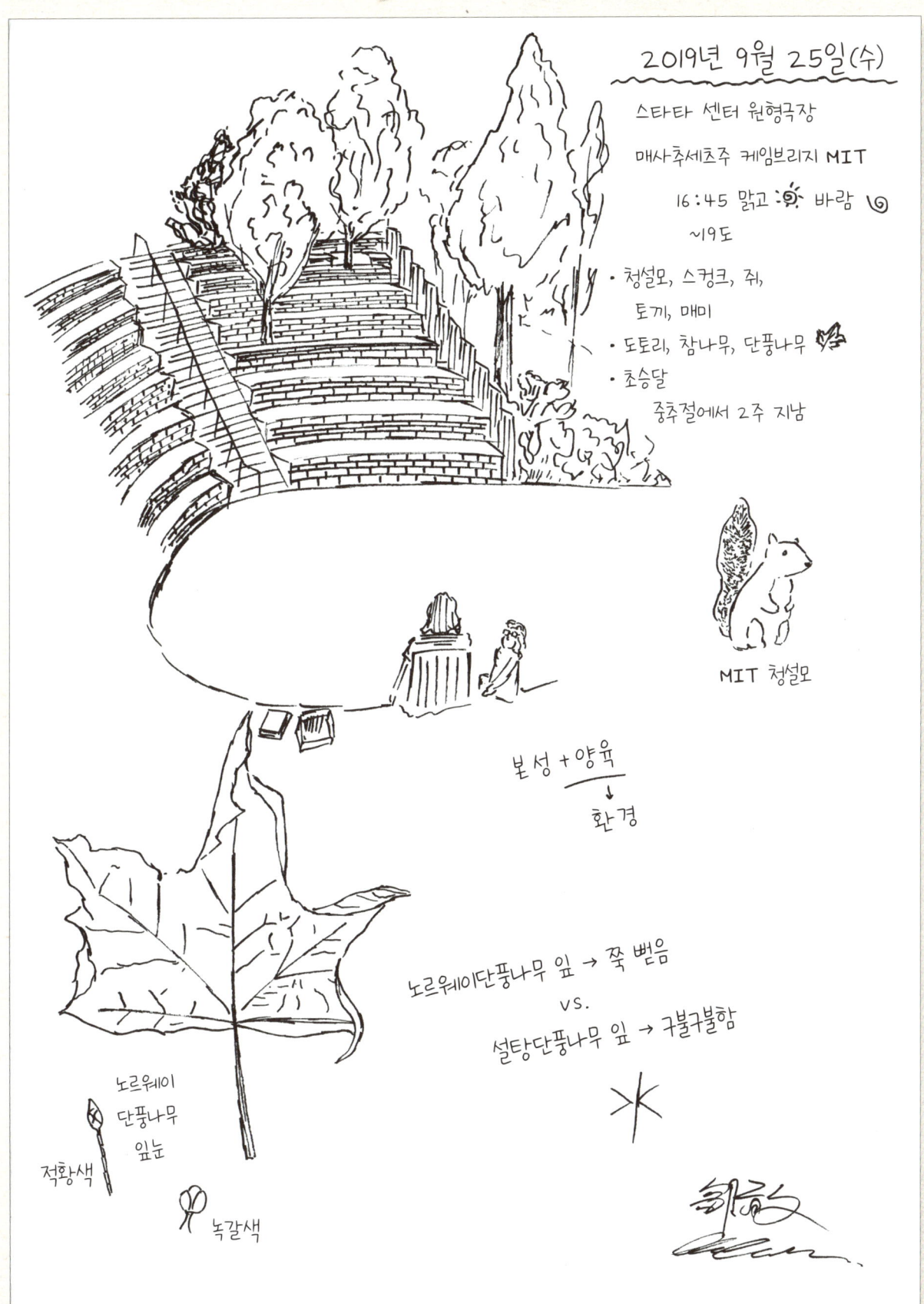

춘만 차우, 매사추세츠주 케임브리지

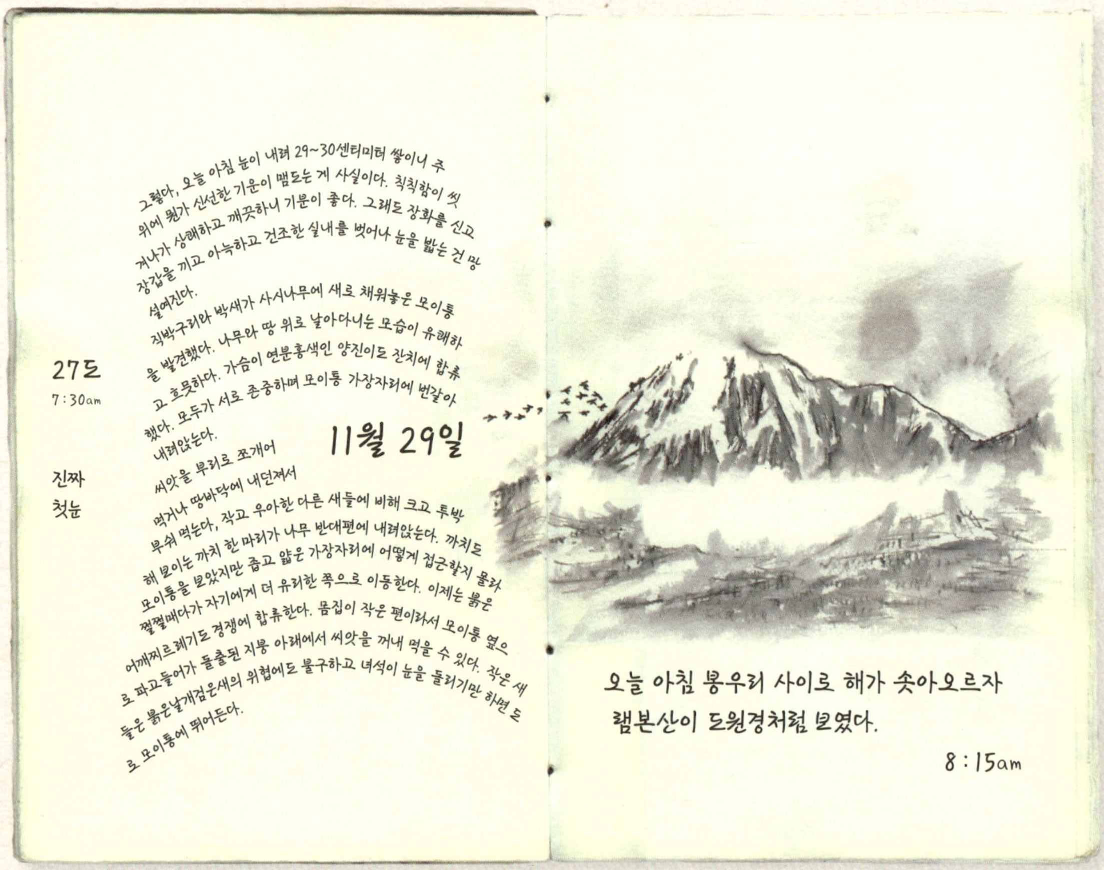
그렇다, 오늘 아침 눈이 내려 29~30센티미터 쌓이니 주위에 뭔가 신선한 기운이 맴도는 게 사실이다. 칙칙함이 씻겨나가 상쾌하고 깨끗하니 기분이 좋다. 그래도 장화를 신고 장갑을 끼고 아늑하고 건조한 실내를 벗어나 눈을 밟는 건 망설여진다.
직박구리와 박새가 사시나무에 새로 채워놓은 모이통을 발견했다. 나무와 땅 위로 날아다니는 모습이 유쾌하고 흐뭇하다. 가슴이 연분홍색인 양진이도 잔치에 합류했다. 모두가 서로 존중하며 모이통 가장자리에 번갈아 내려앉는다.
씨앗을 부리로 쪼개어 먹거나 땅바닥에 내던져서 부숴 먹는다. 작고 우아한 다른 새들에 비해 크고 투박해 보이는 까치 한 마리가 나무 반대편에 내려앉는다. 까치도 모이통을 보았지만 좁고 얇은 가장자리에 어떻게 접근할지 몰라 쩔쩔매다가 자기에게 더 유리한 쪽으로 이동한다. 이제는 붉은어깨찌르레기도 경쟁에 합류한다. 몸집이 작은 편이라서 모이통 옆으로 파고들어가 돌출된 지붕 아래에서 씨앗을 꺼내 먹을 수 있다. 작은 새들은 붉은날개검은새의 위협에도 불구하고 녀석이 눈을 돌리기만 하면 도로 모이통에 뛰어든다.
27도
7:30am
진짜 첫눈
11월 29일
오늘 아침 봉우리 사이로 해가 솟아오르자 램본산이 도원경처럼 보였다.
8:15am

마리아 호지킨스, 콜로라도주 파오니아

겜스 산 꼭대기에서
황색망사점균
점균류
변수성 식물
린이 물병에서 하얀 이끼 한 무더기를 꺼내서 보여주었다.
이 이끼는 자체 수분을 조절할 수 없어서 세포 수분 함량이 주변 수분 함량과 동일하다.
올림픽스
로페스
밴쿠버 아일랜드
블래클리
D. 버드 벤치에서 관찰한 새: 개고마리, 솔딱새, 뮤익굴뚝새(새끼가 노래 연습 중이었다), 서부딱새, 오렌지머리솔새, 상모솔새, 동고비, 붉은등쇠박새, 쇠박새, 쿠퍼매, 흰머리수리
E. 엘더 벤치 11:30am
로즈 벤치
12:30~1:25pm

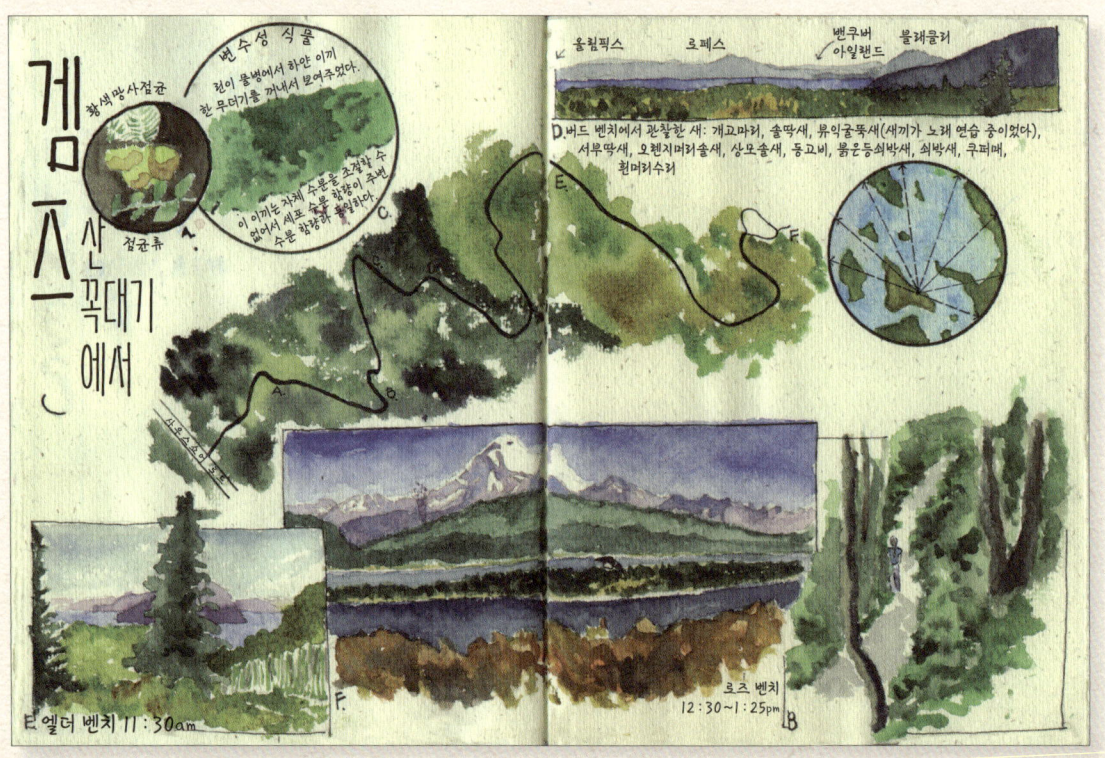

리베카 리스-몽고메리, 오리건주 유진

닉 엘튼, 영국 콘월

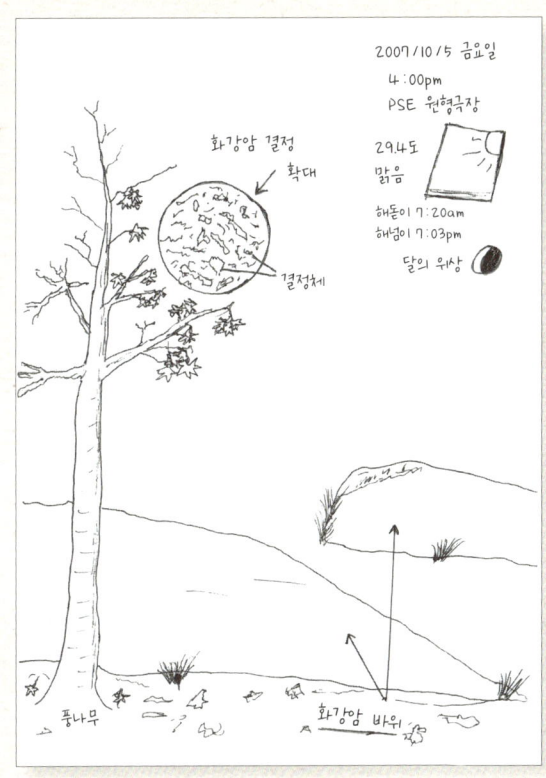

스티븐 하우저, 노스캐롤라이나주 왁소

샌디 맥더멋, 뉴햄프셔주 인터베일

리사 힐리, 매사추세츠주 윌리엄스타운

일로나 셰라트, 매사추세츠주 체셔

애시 오스틴, 뉴욕주 길더랜드

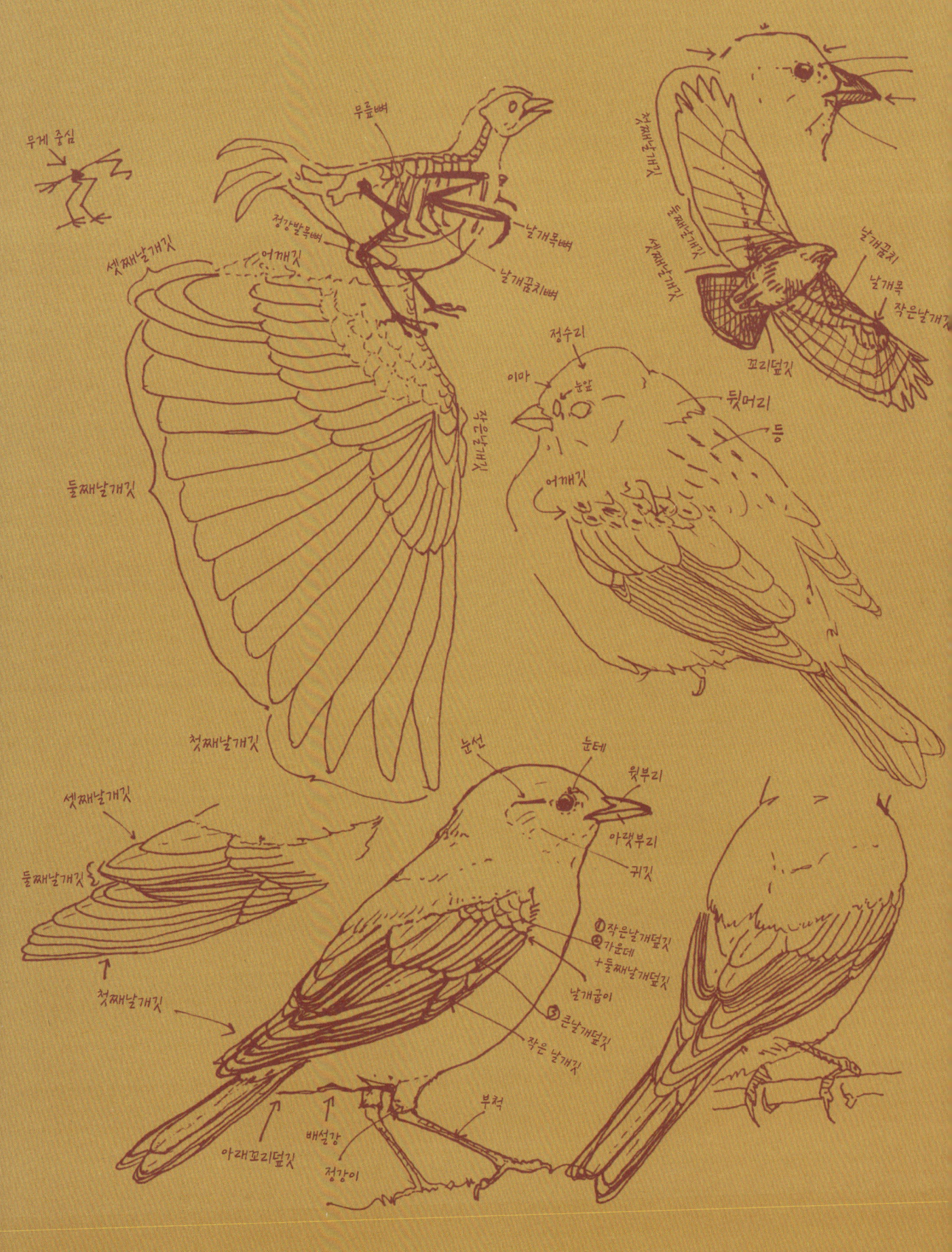

2부

탐구하기

예술가의 눈은 카메라에 비해 여러모로 우월합니다.
기계적으로 초점을 맞추는 것이 아니라 생각하고 집중하는 바에 따라
초점을 바꿀 수 있으니까요.

- 존 버스비, 《자연 드로잉》

주변 세계 연구하기

자연 관찰 일기가 멋지고 꾸준한 모험인 것은 그리는 대상에 관해 배우기 때문입니다. 여러분은 자연을 그리는 예술가를 넘어 자연학자가 되는 것입니다. 직접 그리는 과정에서 더 많은 것을 배우게 됩니다. 이 책에 쓸 그림을 다시 그리려는데 아직 크로커스가 피는 계절이 아니라서 사진을 확인했다가, 크로커스 꽃잎이 다섯이 아니라 여섯이고 줄기 색도 내가 생각했던 것과 다르다는 사실을 발견했습니다. 어느 날 아침은 쌀먹이새를 그렸는데 문득 그 새가 겨울을 어디서 나는지 궁금해졌습니다. 찾아보니 무려 아르헨티나 북부더군요! 들판에서 나무제비를 스케치하는 것은 하나의 단계에 불과합니다. 집에 돌아오면 자연 도감이나 인터넷에서 사진을 찾아 스케치를 보완해야 합니다. 새의 깃털과 날개 모양을 정확히 묘사하기 위해서죠.

자연을 배워가다 보면 여러분이 이끌리는 특정한 주제를 발견하게 됩니다. 새나 풀, 나무의 다양한 형태…. 한 가지 주제를 깊이 있게 탐구해보는 것도 재미있습니다. 이 장에서는 날씨와 계절, 풀과 나무, 새, 포유류와 기타 동물, 풍경 등 다양한 주제를 그리는 기법을 더욱 자세히 설명하겠습니다.

내가 강의할 때 항상 강조하는 점이 있습니다. 항상 즐기라는 것, 잘 그리려고 안달하지 말라는 것, 잘 그리기보다 눈앞의 대상을 잘 보는 일이 중요하다는 것입니다. 자연 드로잉과 연구는 언제든 여러분이 원하는 방식으로 할 수 있습니다. 당연한 얘기지만 두 가지 모두 더 잘 하려면 연습을 해야겠지요.

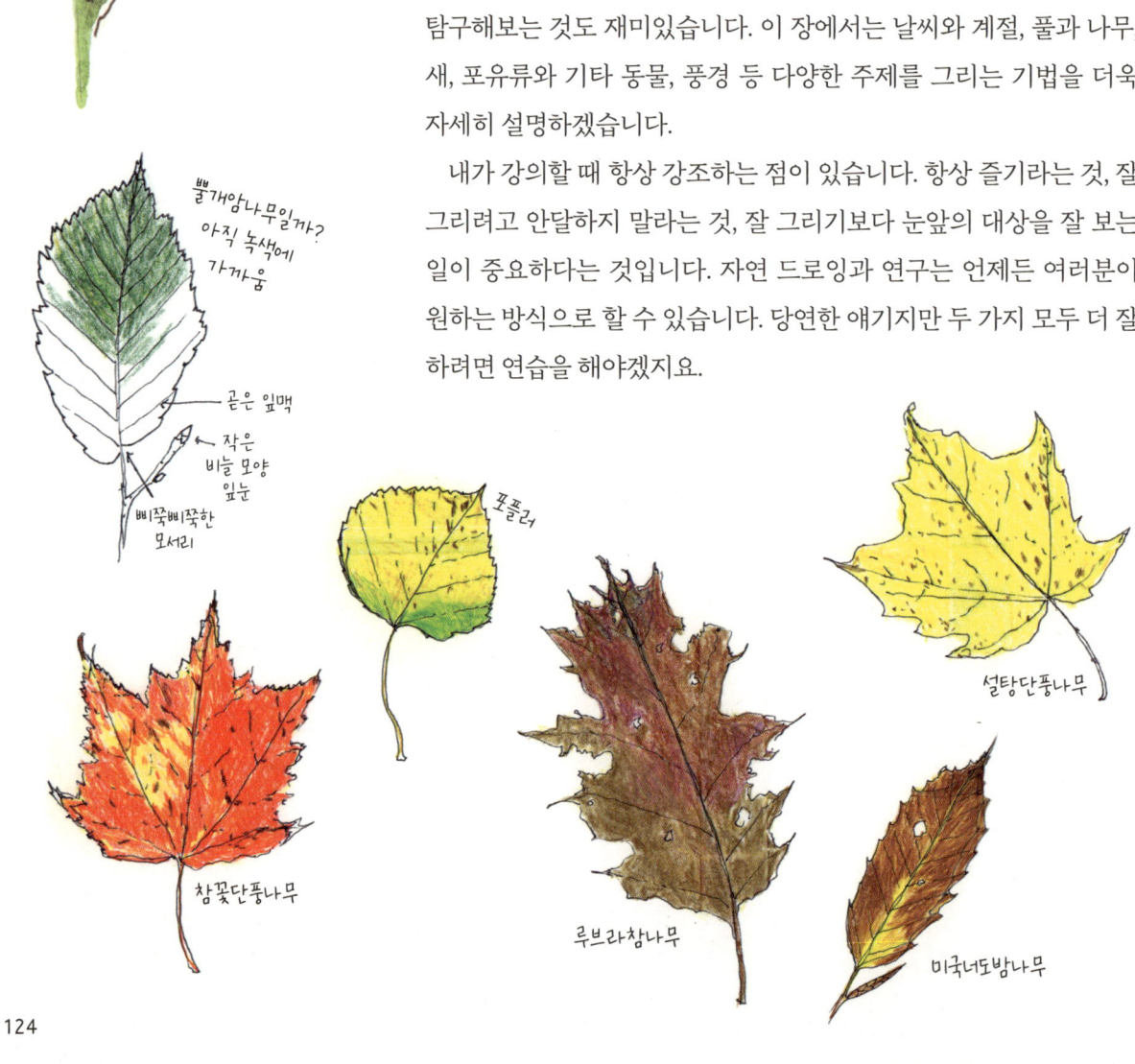

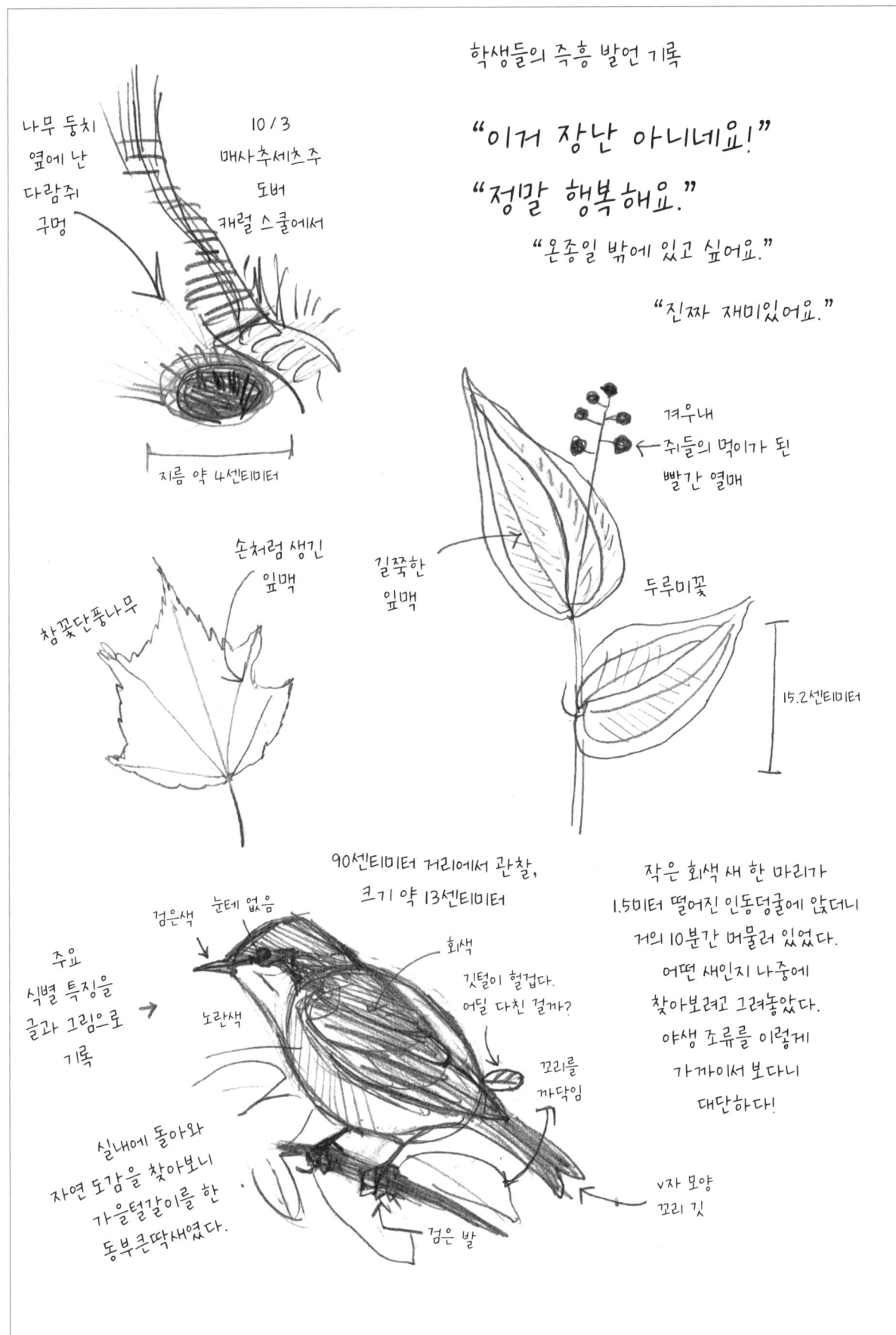

계절과 하늘

꾸준한 자연 관찰 일기에 계절 변화만큼 적당한 주제도 없을 겁니다. 계절에 초점을 맞추어 일기를 작성하면, 최근의 이상 기후와 지구적 기후 변화에도 불구하고 변함없는 열두 달의 순환 과정이 한눈에 들어옵니다. 계절은 해마다 똑같이 돌아오되 조금씩 다른 모습으로 새롭게 시작됩니다.

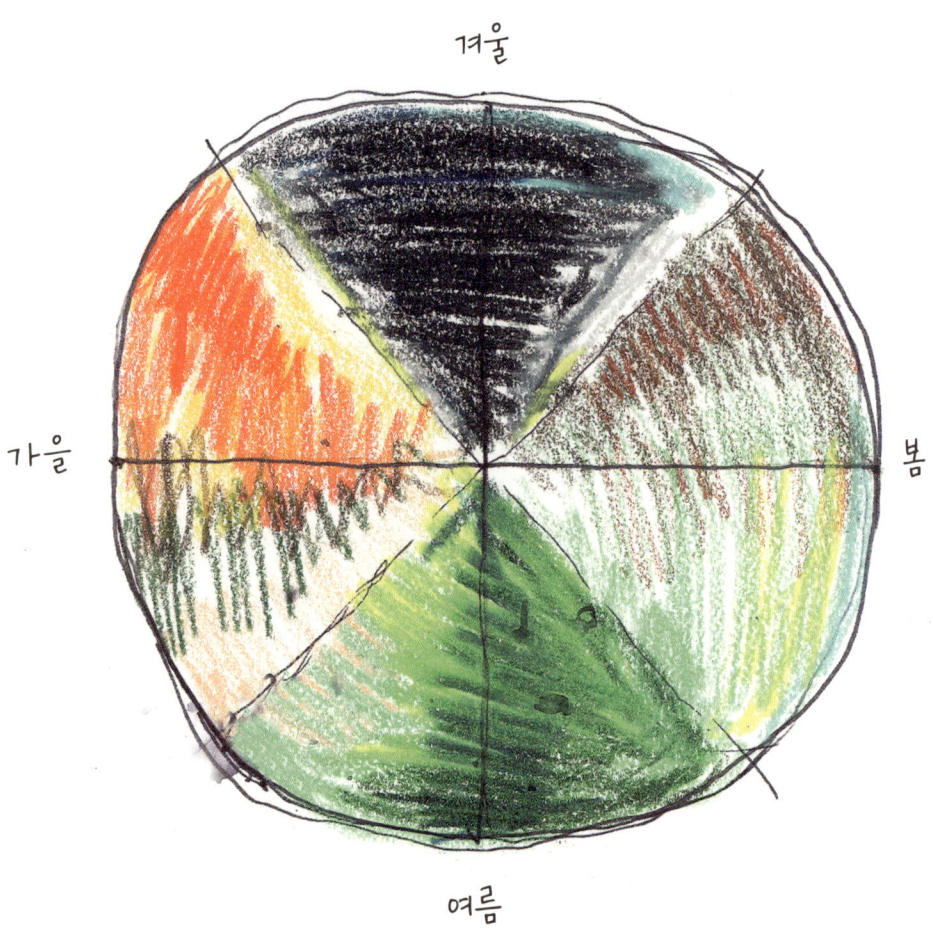

계절 일기 작성 요령은 철따라 변하게 마련인 자연물이나 장소를 선택하고, 눈에 보이는 것을 원하는 만큼 자세하게 규칙적으로 기록하는 것입니다. 근처의 나무 하나를 정해 관찰하며 일 년간의 변화를 기록하는 것으로 충분합니다. 이런 변화를 좌우하는 것은 간단히 설명하면 태양과 지구의 관계입니다. 지구가 365일마다 태양을 공전하면서 계절의 순환이 일어납니다. 지구는 태양을 공전하는 동시에 23.5도 각도로 24시간마다 한 번씩 자전합니다. 지구가 공전 궤도를 움직이면서 태양으로부터 멀어지거나 가까워짐에 따라 낮과 밤이 조금씩 길어지거나 짧아집니다. 물론 여러분이 쬐는 햇볕의 강도는 북반구, 남반구, 적도 등 지구상에서의 위치에 따라 달라집니다.

기후 변화

날씨가 개인의 삶뿐만 아니라 온 세상에 영향을 미친다는 인식이 확산되고 있습니다. 지구 전체의 기후가 변화함에 따라 날씨도 변해갑니다. 여기서 '날씨'란 국지적·단기적 현상을 의미한다는 데 유의합시다. '기후'는 더 장기적이고 세계적인 추세를 가리킵니다.

나는 1978년부터 일기를 써왔지만 1990년대 초반이 되어서야 기후 변화 정보를 기록하기 시작했습니다. 이제는 내가 사는 뉴잉글랜드의 날씨, 계절, 동물, 식물이 서서히 변해가는 것을 피부로 느끼는 만큼 더욱 자주 기록하고 있습니다. 이런 데이터는 사소하지만 꼭 필요하며, 우리 손주 세대의 환경을 예측하는 자료로서 점점 더 요긴해질 것입니다.

나는 지난 일기장을 들춰보며 계절이 다가오고 물러났다가 되돌아오는 과정을 지켜보길 좋아합니다. 1984년 1월과 2006년 1월, 2020년 1월의 기록을 비교하면서 자연과 내 삶에 일어난 일들을 돌아보고 심사숙고할 수 있습니다.

1월은 어둠 속에서 잠잔다.

2월은 날마다 서서히 밝아지는 한 줄기 빛을 찾는다.

3월은 기지개를 켜며 녹아내린다.

4월은 성장의 문을 연다.

5월은 제 꽁무니를 쫓아 쉴 새 없이 뛰어다닌다.

6월은 정점에 오른다.

7월은 어르신이 되어 아이들을 쫓아낸다.

8월은 대지를 축복한다.

9월은 겨울이 다가오고 있음을 상기시킨다.

10월은 모든 것을 잊도록 도와준다.

11월은 가게 문을 닫는다.

12월은 한살이를 완료한다.

계절이 있는 이유

지구는 자전축이 기울어져 있기 때문에 계절마다 특정한 지점에서의 햇빛과 태양 에너지 강도가 달라집니다. 이런 변화는 계절별로 생물의 활동에 뚜렷한 영향을 미칩니다.

지구가 기울어져 있다는 것은 일 년 동안 각 지역이 받는 햇빛의 양이 다르다는 의미입니다. 그 결과 우리가 아는 겨울, 봄, 여름, 가을의 사계절이 생겨납니다. 남반구의 계절이 북반구와 반대인 것도 지구의 기울기 때문입니다.

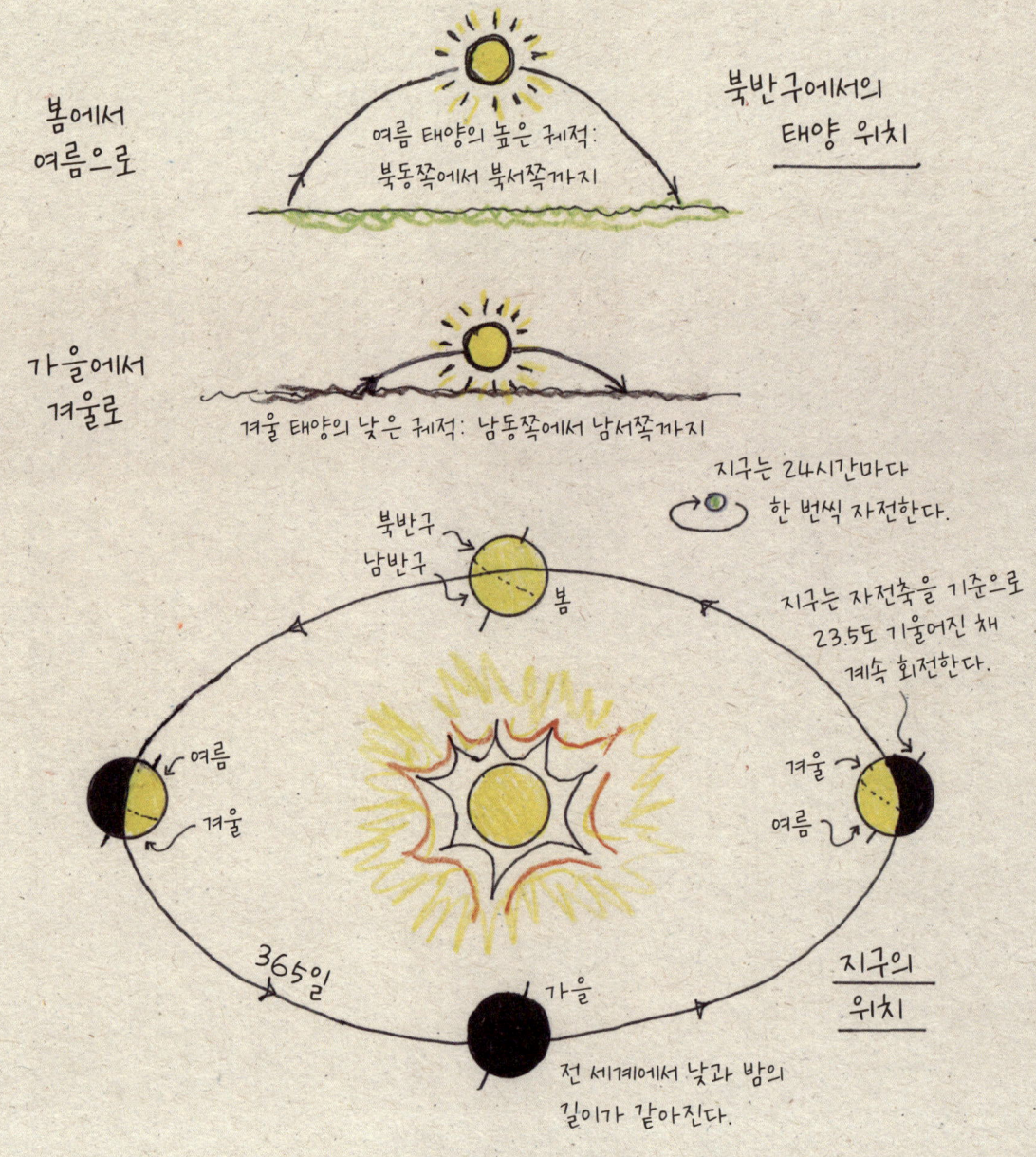

내가 종종 학생들더러 일기에 그려보게 하는 '달걀 프라이'입니다.

공항에서 15분 동안 바라본 풍경 + 들종다리 노랫소리
몬태나주 미줄라
3:30pm 2006/4/14 비터루트 산맥

내가 특별히 좋아하는 스케치입니다.
대학교에 다니는 딸을 만나러 렌터카를 몰고 가던 중 목격한 인상적인 구름을 그렸습니다.

달

달은 언제 어디서든 누구에게나 익숙한 존재입니다. 역사적으로 많은 문화권에서 태양이 아닌 달의 주기에 따라 달력을 만들었습니다. 달의 위상 변화는 아이든 어른이든 쉽고 재미있게 그릴 수 있습니다(특히 아이들이 달 일기를 좋아합니다. 달의 위상 변화는 아이들도 바로 알아볼 수 있는 자연 현상이니까요). 달은 항상 동쪽에서 뜨고 서쪽으로 지며, 매달 똑같은 순서로 매일 조금씩 모양이 변하는 과정을 29일마다 반복합니다.

달이 찬다는 것은 보름달에 가까워진다는 뜻입니다. 달이 기운다는 것은 그믐달에 가까워진다는 뜻입니다.

달이 하늘을 가로지르는 모습은 세계 어디서나 볼 수 있습니다. 하지만 남반구에서는 달의 위상 변화가 거꾸로 진행됩니다. 왜 그럴까요?

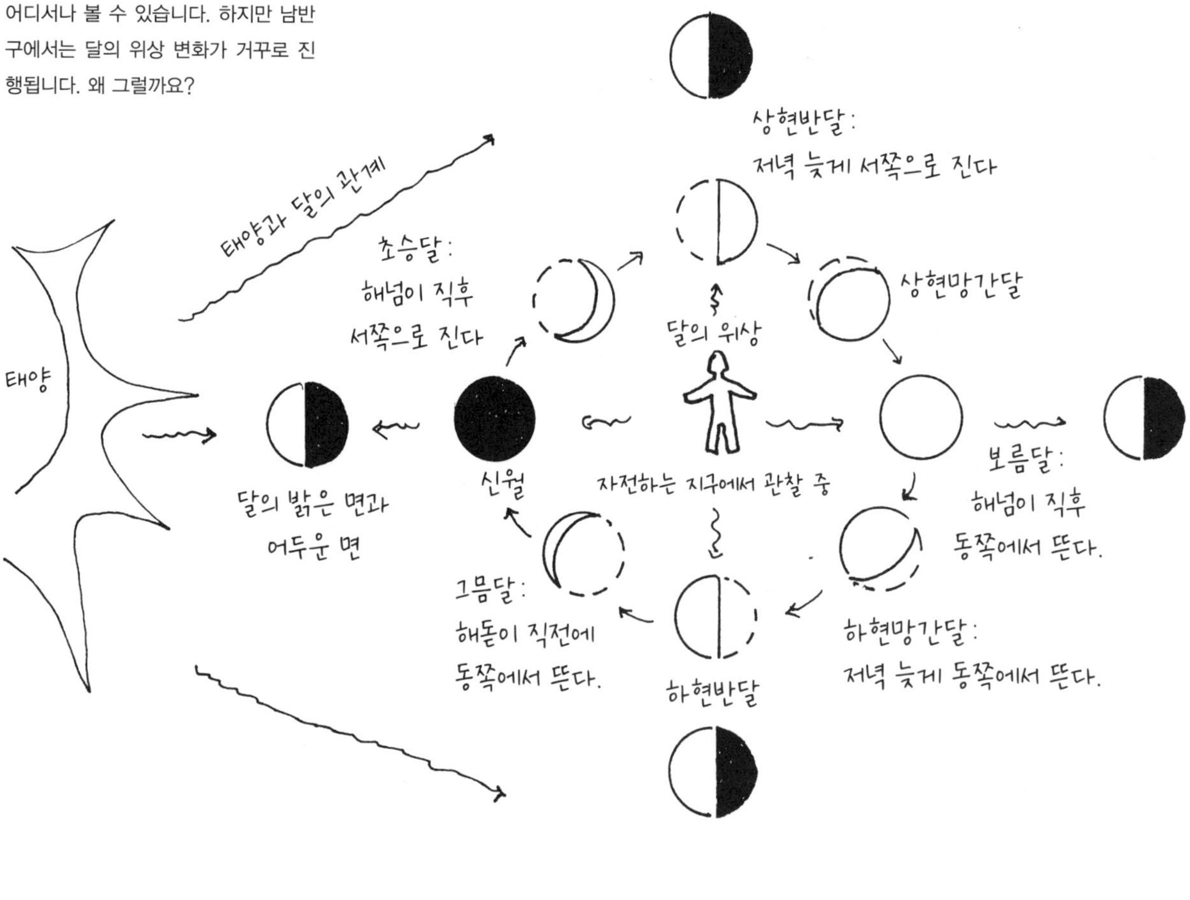

달의 모양이 변하는 것은 태양과 달에 대한 지구의 위치가 변하기 때문입니다.

하늘과 태양

하늘은 대체로 실내에서 창을 통해서도 관찰할 수 있습니다. 하루에 몇 번씩 짬을 내어 태양의 위치를 확인하세요(당연한 얘기지만 태양을 똑바로 바라보면 안 됩니다). 태양의 위치가 계절에 따라 어떻게 변하나요? 날마다 해돋이와 해넘이 시간을 기록하면 일 년간 끊임없이 변하는 태양의 위치를 확인할 수 있습니다. 해돋이와 해넘이 시간이 경도와 위도에 따라 달라진다는 것도 알게 됩니다. 왜 그럴까요?

구름의 주요 형태 10가지를 찾아봅시다

권운
깃털처럼 성긴 구름

권층운
낮게 층층이 쌓인 구름

권적운
작은 덩어리가 줄줄이 늘어선 구름

고층운
높게 층층이 쌓인 구름

층운
조밀하게 층층이 쌓인 구름

난층운
층층이 쌓여 비나 눈을 내리는 구름

층적운
두꺼운 덩어리가 조밀하게 층층이 쌓인 구름

적운
뭉게구름

고적운
작은 덩어리들이 정렬해 층을 이룬 구름

적란운
뇌우를 내리는 구름

자세한 내용은
날씨와 구름에 관한 자연 도감이나 인터넷을 찾아보세요.

11/27 수요일
마운트오번
8am 0.6도
올겨울 첫 눈보라.
울새가
여전히 돌아다닌다.

사방이 발자국
하나 없이 새하얗다.
흰색은 어떻게
그려야 할까?
감사하는 마음은
어떻게
그려야 할까?
지금
이 순간이야말로
추수감사절 만찬
직전에 말하는
대지의 축복,
단순함의 축복이다.

매가 날아간다.
회색 위에
회색을 덧칠하며...

검은눈방울새

계절과 하늘

이 그림들은 차 안에 앉아 와이퍼를 켜놓고 그린 것입니다. 펜과 수채 물감을 사용했고 하얀 눈은 수정액으로 그렸답니다!

133

꽃식물과 민꽃식물

다양한 장소에서 각기 다른 식물을 찾아 그려보세요. 종류가 무척 다양할 테니 일단 눈에 들어오는 것부터 시작하세요. 실내에 장식된 꽃다발이나 화분, 정원에 심은 꽃이나 채소, 야생화와 잡초로 가득한 초원도 좋습니다. 꽃이 피지 않는 민꽃식물로는 이끼, 버섯, 양치류, 지의류뿐만 아니라 조류, 다시마, 해초 등 다양한 수생식물이 있습니다.

여러분이 사는 동네에도 얼마나 다양한 식물이 서식하는지 알면 놀랄 겁니다.

단풍나무 암꽃   단풍나무 수꽃

꽃 그리기

먼저 기본 형태를 관찰하세요. 보면서 윤곽선 그리기를 강력히 추천합니다. 제대로 보는 과정에 도움이 됩니다.

식물의 구조가 어떻게 결합되고 배열되어 있는지 잘 살펴보세요. 꽃의 다양한 요소나 잎, 잎눈, 열매가 나뭇가지와 줄기 어디에 정렬되거나 붙어 있나요? 어떤 부분이 겹쳐져 있나요?

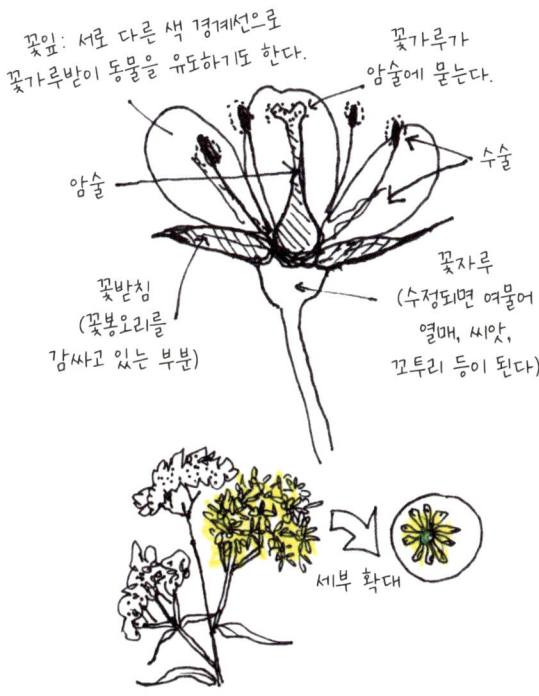

측면

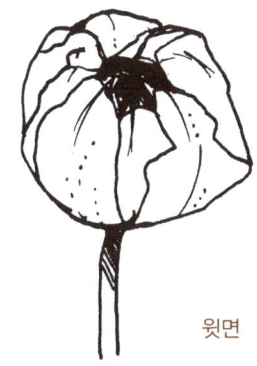

윗면

단순하게 그리세요. 미역취, 돼지풀, 개미취처럼 꽃머리 모양이 복잡한 경우 일부분만 그리세요. 식물도감이나 원예 잡지의 일러스트를 참고하여 식물과 꽃을 그려보세요.

비스듬히

크로키 5초

안 보고 윤곽선 그리기 1분

정면

풀

동네에 자라는 풀을 눈여겨보세요. 그 아름다움과 다양함에 놀랄 거예요. 휴대용 도감을 가지고 다니면(로런 브라운의 《풀 식별 안내서》를 추천합니다) 구주개밀, 갈풀, 참새귀리 등의 풀 이름을 익히기 좋습니다.

버섯과 그 밖의 민꽃식물

우리 주위에는 놀라울 정도로 다채로운 식물들이 있습니다. 관찰하다 보면 곰팡이, 이끼, 양치류 등에 특별히 관심이 생길지도 몰라요.

윗줄: 실제 표본을 연필과 수채 물감으로 그림
아랫줄: 자연 도감을 보고 펜과 색연필로 그림

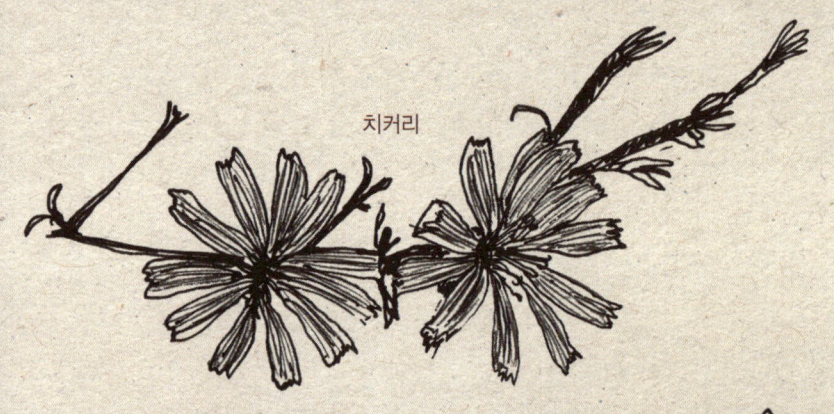

치커리

놀라운 잡초

잡초는 기본적으로 사람들이 원하지 않는 곳에 자라는 야생초입니다. 강인하고 쉽게 퍼지며 대부분 수수하게 생겼죠. 미국의 잡초는 대부분 유럽산 곡물에 섞여서, 혹은 민간요법 약재로 들어왔습니다. 지금도 많은 잡초가 식용이나 약용으로 쓰입니다. 다음 잡초들은 모두 우리 동네 길모퉁이의 작은 풀밭에서 보고 그렸습니다.

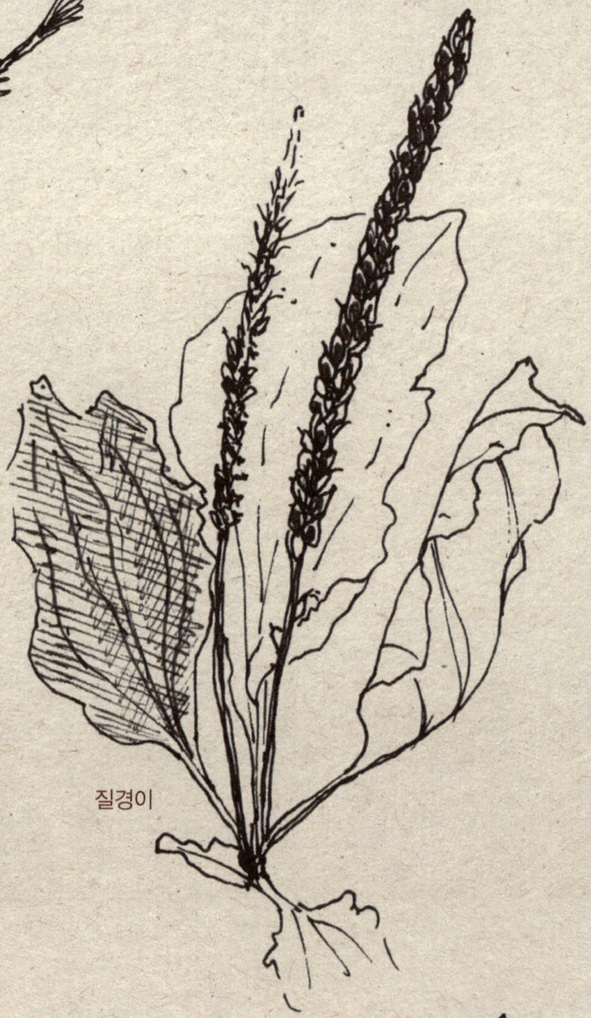
질경이

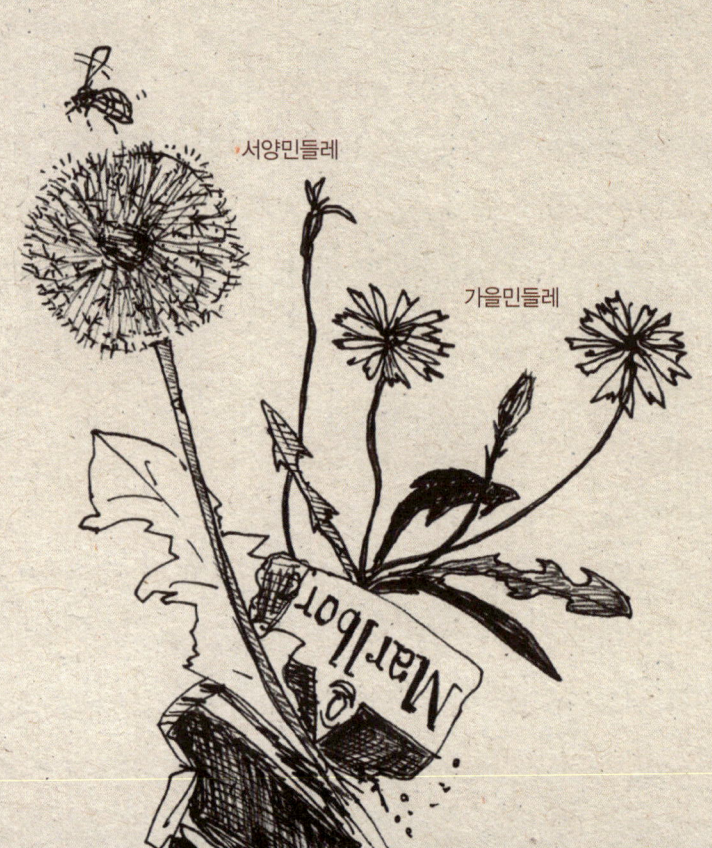

서양민들레
가을민들레
Marlbor

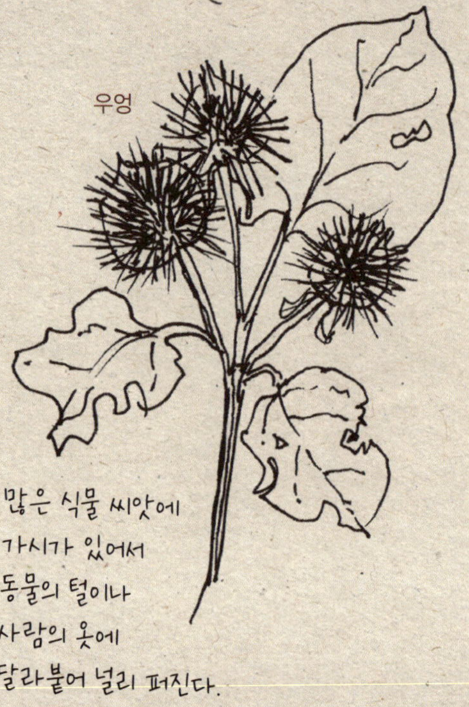
우엉
많은 식물 씨앗에
가시가 있어서
동물의 털이나
사람의 옷에
달라붙어 널리 퍼진다.

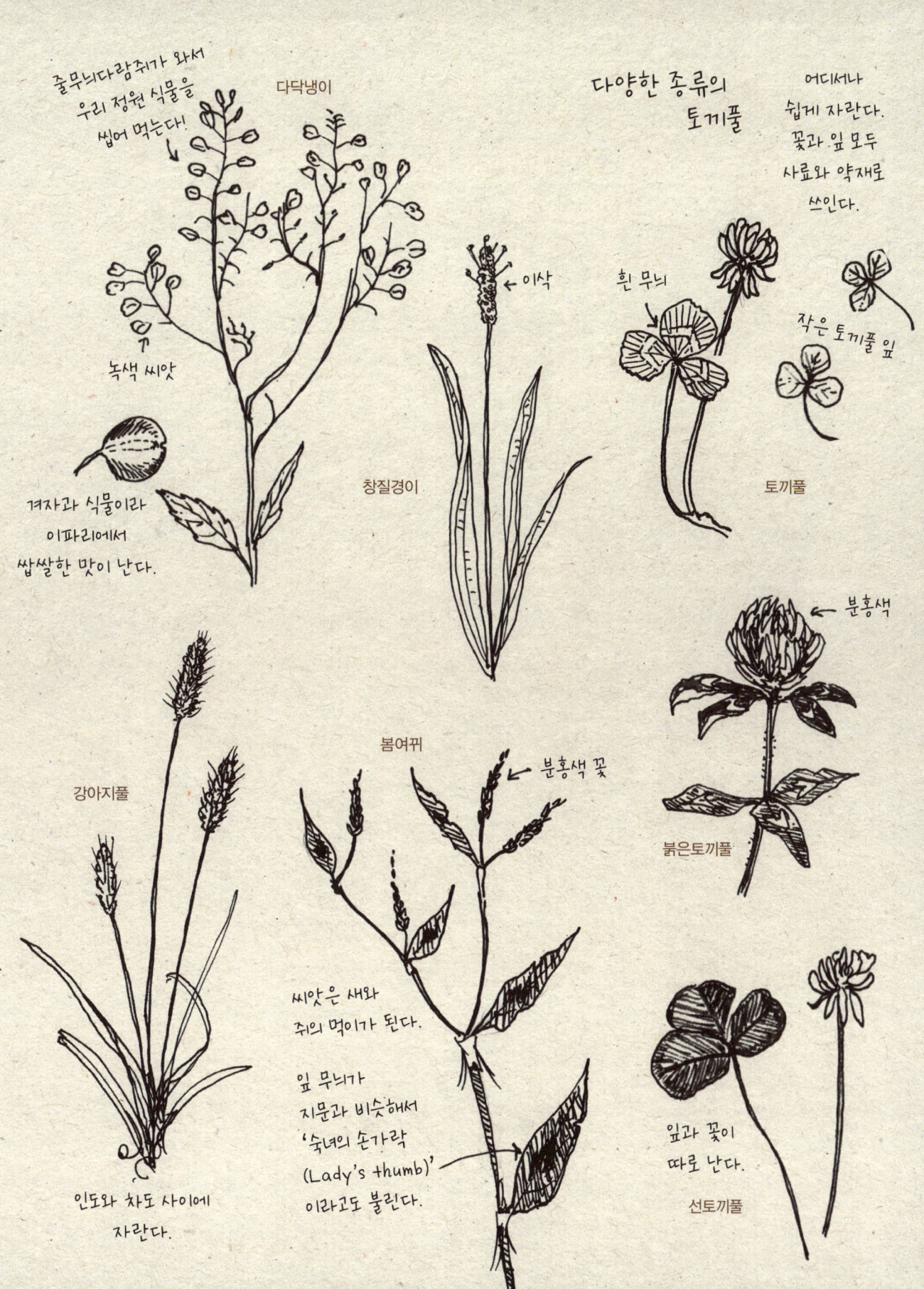

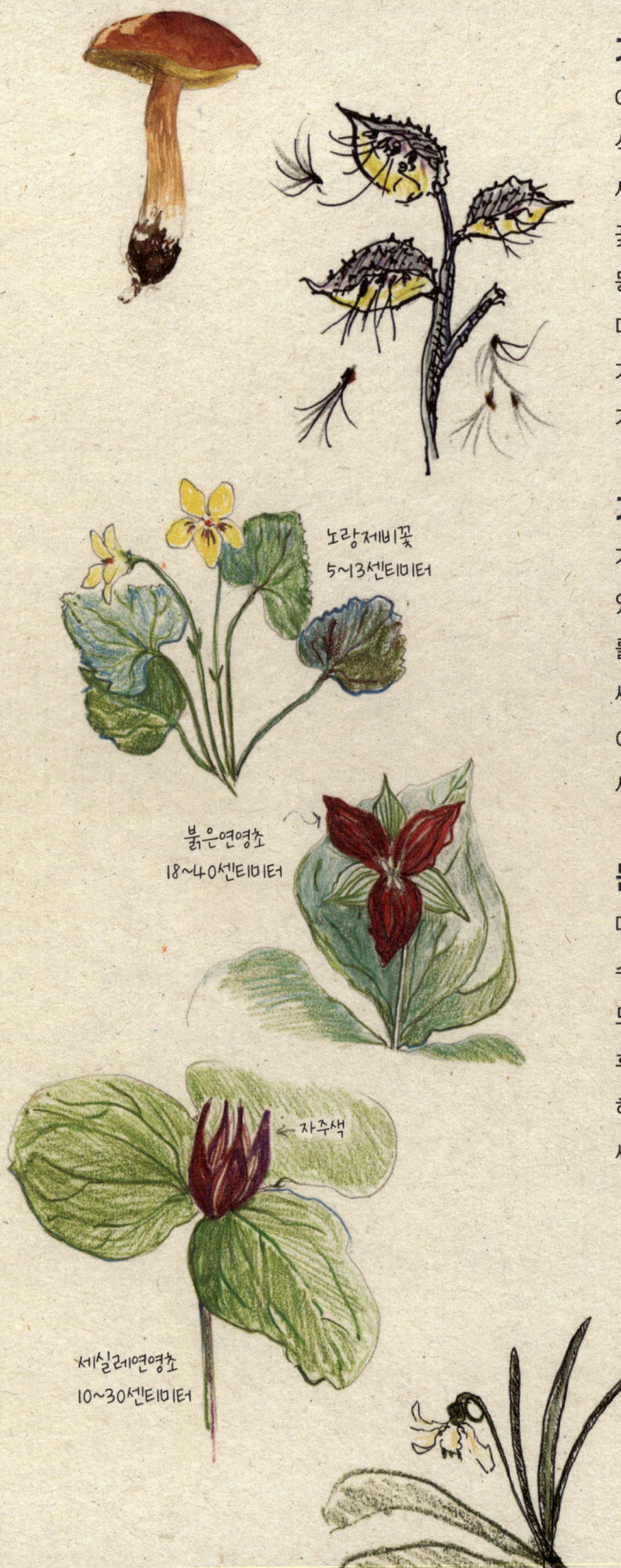

가을 식물

아직도 꽃이 피는 식물은 무엇이 있나요? 씨앗이 여문 식물은요? 늦여름에서 초가을까지 피는 꽃을 찾아보세요. 첫 서리에 시드는 식물도 기록해보세요. 늦여름 꽃에는 어떤 곤충이 찾아오나요? 나는 10월 말까지도 동네 길거리를 거닐며 가을에 핀 꽃을 찾아오는 벌, 개미, 말벌을 관찰하곤 합니다.

가을은 이끼와 버섯을 동시에 관찰할 수 있는 시기이기도 해요.

겨울 식물

겨울에는 야외의 모든 식물이 죽은 것처럼 보일 수도 있습니다. 산책 겸 탐험에 나서서 길가나 숲의 상록수를 찾아보세요. 풀은 어떤 색을 띠나요? 겨울 잡초의 씨앗 꼬투리는 좋은 그림 소재가 됩니다. 유채, 달맞이꽃, 소리쟁이, 우엉, 치커리 등 다양한 풀을 찾아보세요.

봄 식물

매주 일기장을 들고 나가서 설강화, 크로커스, 실라, 수선화, 무스카리, 튤립 등 구근식물의 다양한 개화 속도를 기록하면 흥미로울 겁니다. 꽃이 피는 시기는 기후에 따라 달라지니 좋은 시민 과학 프로젝트이기도 하죠. 여러분이 사는 지역의 개화시기를 기록함으로써 장기 데이터 수집에 참여할 수 있습니다.

여름 식물

사실 여름에는 채소와 꽃을 그리기보다 심느라 바쁠 겁니다. 하지만 정원 일기는 파종 시기와 관련해 좋은 정보가 됩니다. 기후학자들은 과거의 정원 일기를 통해 특정 지역의 계절 및 기후 변화 역사를 파악한답니다.

상추와 콩을 그릴 시간이 없다면 파종, 개화, 결실 시기라도 적어둡시다. 완두콩을 심은 위치를 내년에 기억할 수 있도록 정원 지도도 그려두세요!

수확을 하거나 농산물 시장에 다녀오고 나면 짬을 내어 그린빈, 토마토, 오이, 비트, 애호박, 호박 등을 그려보세요.

길가에 자라는 식물이 꽃을 피우면 그림으로 남기세요. 어떤 곤충이 어떤 식물을 어떻게 먹는지 눈여겨보세요. 여름의 상징인 제왕나비를 목격했다면 특별히 주의를 기울여 날짜와 장소, 시간을 기록하세요.

나무와 잎

우리 동네에 어떤 나무가 있는지, 계절에 따라 어떤 모습이 되는지, 그 나무에 어떤 생물이 사는지 알아보는 것도 좋은 탐구 과제입니다.

　식물학을 배워 낙엽수와 상록수, 침엽수와 활엽수, 나무와 관목을 구분해보세요. 서식지에 따라 어떤 나무가 자라는지, 주위의 동식물에는 어떤 영향을 미치는지 알아보세요.

잎 그리기

모양이 각기 다른 잎들을 주워 와서 그려보세요. 지역에 서식하는 풀과 나무를 알아보세요. 원한다면 자연 도감에서 이름을 찾아봐도 좋습니다.

잎 간단히 그리는 법

먼저 주맥(가운데 잎맥)을 그립니다.

잎 한쪽을 그립니다.

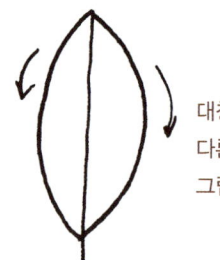
대칭이 되게 다른 쪽을 그립니다.

지맥(주맥에서 뻗어 나온 잎맥)을 옅은 색으로 잎 끝을 향해 구부러지게 그립니다.

잎 가장자리

잎의 대략적인 윤곽을 그립니다.

들쭉날쭉하거나 구불구불하거나 갈라진 가장자리를 자세히 묘사합니다.

잎맥

주맥 양쪽으로 서로 대칭되게 혹은 어긋나게 지맥을 그립니다.

백합의 지맥은 잎 아래쪽에서 위쪽 끝까지 곡선을 이룹니다.

층층나무의 지맥은 주맥과 같은 방향으로 구부러집니다.

복잡한 잎 모양

주맥 양쪽의 지맥이 대칭을 이루게 합니다.

잎맥이 부채꼴을 이루는 경우 잎맥부터 그리고 그 주위로 윤곽선을 그립니다.

잎맥 선을 분할하여 주맥과 윤곽선을 구분합니다.

채도를 다양하게 조절해가며 색을 덧칠합니다. 색연필 또는 수채 물감을 사용하세요.

설탕단풍나무

항상 두 가지 방식의 윤곽선 그리기부터 해보기를 권합니다.

| 모양과 색 |

때로는 매우 독특하게 생긴 식물을 보게 됩니다. 어떤 부분이 특이한지 기록해두세요. 나중에 자연 도감을 찾아볼 때 유용할 겁니다.

일기 주제가 마땅치 않은 날에는 색채에 주목해보세요. 주위를 둘러보고 눈에 들어오는 다양한 색을 적은 다음 색상별로 해당되는 모든 사물을 기록하세요.

어둡고 눈 내리는
일요일 저녁 마운트오번에서
채집한 나뭇잎
주홍돌능금과 피나무의
눈부신 잎이 눈을 사로잡는다.
　흐린 날씨 속의
　현란한 색.

11/24
어두침침한 주말이 지나고
하늘이 개었다.

해돋이 6:46am
해넘이 4:16pm
일조시간 9시간 30분

6/24 일조시간 15시간 17분
12/24 일조시간 9시간 4분

나뭇잎들을 집으로 주워 와서 그날 오후와 저녁에 짬짬이 그렸습니다.

들여다보기

겨울 나뭇가지, 잔가지, 잎, 씨앗 꼬투리 등은 언제든지 채집할 수 있습니다(반드시 조금씩만 채집하고 사유지에서는 자제하세요). 집에 확대경이 있다면 채집해 온 자연물을 들여다보며 정밀 묘사를 해보세요. 다양한 소재와 도구를 마음껏 사용하세요. 나는 선명하고 세밀한 그림을 그릴 때 주로 펜과 색연필을 사용합니다.

낙엽수

낙엽수는 가을마다 잎을 떨어뜨립니다. 잎이 없으면 겨우내 수분 손실이 줄고 쌓이는 눈이나 얼음의 무게를 견딜 일도 줄어들지요. 반면 활엽상록수는 겨울에도 두꺼운 잎을 그대로 달고 있답니다.

교목은 줄기가 하나입니다. 관목은 여러 개입니다.

1. 먼저 전체적인 형태를 관찰하세요.

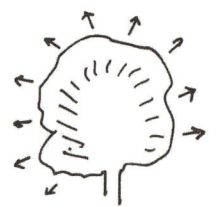

2. 윤곽선 그리기는 형태를 파악하는 데 도움이 됩니다.

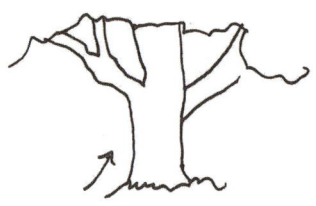

3. 이제 땅바닥에서 잎이 자라는 곳까지 나무줄기를 그립니다.

여기에 나무를 그리시오

4. 종이에 가로세로 15~18센티미터 이하의 공간을 잡고(종이 전체를 채우려면 너무 오래 걸립니다) 안에 나무를 그립니다.

5. 평평한 종이에 수관의 둥그스름한 양감을 표현하기 위해 원형으로 명암을 넣습니다.

6. 명암을 넣어가며 무성한 잎 무더기를 그립니다. 군데군데 나뭇가지를 그려 넣습니다. 원한다면 나무줄기에도 명암을 넣습니다.

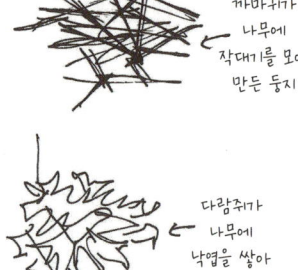

까마귀가 나무에 작대기를 모아 만든 둥지

다람쥐가 나무에 낙엽을 쌓아 만든 둥지

7. 세부 묘사를 추가합니다.
- 잎눈과 잔가지
- 씨앗과 열매
- 나뭇잎
- 동물 활동의 자취

참나무
단순화한 잎 모양
단풍나무
설탕단풍나무
옻나무 히코리
층층나무
자작나무
오리나무

겨울 낙엽수

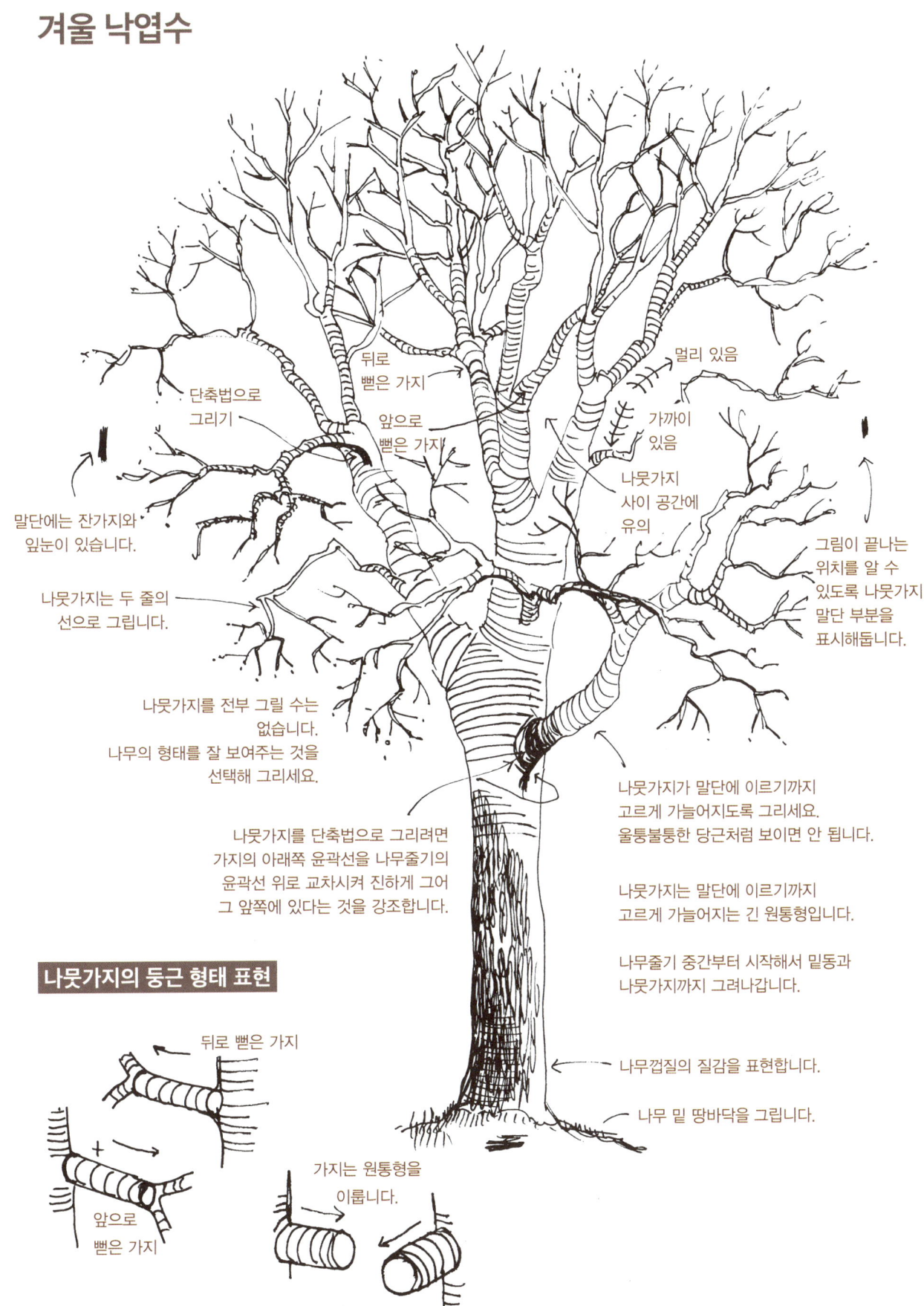

단축법으로 그리기

뒤로 뻗은 가지

앞으로 뻗은 가지

멀리 있음

가까이 있음

나뭇가지 사이 공간에 유의

말단에는 잔가지와 잎눈이 있습니다.

나뭇가지는 두 줄의 선으로 그립니다.

그림이 끝나는 위치를 알 수 있도록 나뭇가지 말단 부분을 표시해둡니다.

나뭇가지를 전부 그릴 수는 없습니다.
나무의 형태를 잘 보여주는 것을 선택해 그리세요.

나뭇가지가 말단에 이르기까지 고르게 가늘어지도록 그리세요. 울퉁불퉁한 당근처럼 보이면 안 됩니다.

나뭇가지를 단축법으로 그리려면 가지의 아래쪽 윤곽선을 나무줄기의 윤곽선 위로 교차시켜 진하게 그어 그 앞쪽에 있다는 것을 강조합니다.

나뭇가지는 말단에 이르기까지 고르게 가늘어지는 긴 원통형입니다.

나무줄기 중간부터 시작해서 밑동과 나뭇가지까지 그려나갑니다.

나무껍질의 질감을 표현합니다.

나무 밑 땅바닥을 그립니다.

나뭇가지의 둥근 형태 표현

뒤로 뻗은 가지

앞으로 뻗은 가지

가지는 원통형을 이룹니다.

상록수

1. 위쪽부터 그리기 시작합니다.   **2.** 윤곽선 중심으로 그려나갑니다.   **3.** 바늘잎을 자세히 그려 넣습니다.

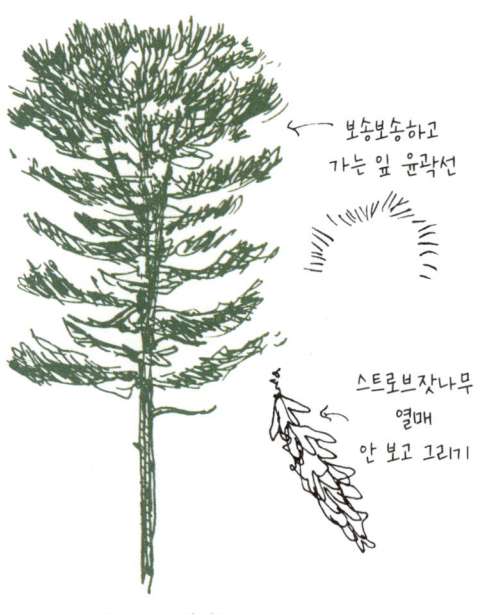

← 보송보송하고 가는 잎 윤곽선

← 스트로브잣나무 열매 안 보고 그리기

스트로브잣나무

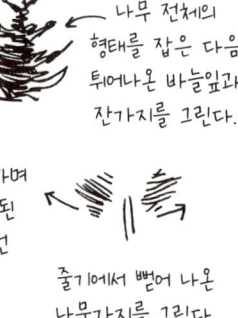

← 나무 전체의 형태를 잡은 다음 튀어나온 바늘잎과 잔가지를 그린다.

← 짧고 촘촘하며 서로 연결된 잎 윤곽선

줄기에서 뻗어 나온 나뭇가지를 그린다.

붉은가문비나무

↑ 끝이 뾰족한 잎

← 굵고 짙으며 가지를 따라 솔처럼 솟아난 잎 윤곽선

적송

← 작고 가늘며 서로 이어진 잎 윤곽선

열매

← 끝이 뭉툭한 잎

캐나다솔송나무

4. 스케치를 마무리합니다.   자연 도감에서 다양한 나무 종류별로 도식화된 그림을 확인해보세요.

나무와 풍경을 그릴 때 쓰는 선

수면, 들판, 잔디밭 등 수평선

건물, 멀리 있는 나무 등 수직선

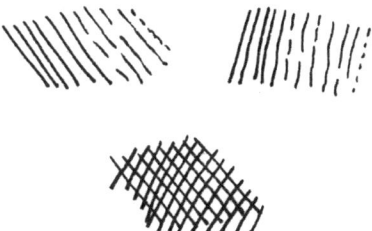

모든 표면은 어느 정도 기울기가 있습니다.
경사면이나 평면의 기울기에 맞추어 선을 그어봅시다.

다양한 선을 성기게 혹은 빽빽하게 그어보세요.

나뭇잎의 형태

나뭇잎의 대략적 형태를 알아두면 무성한 나뭇잎을 빠르게 그릴 수 있습니다.

소나무

단풍나무/플라타너스

전나무/가문비나무

참나무

물푸레나무

사과나무/층층나무

노간주나무

버드나무/밤나무

물푸레나무/호두나무

다양한 나무의 대략적 형태와 외양을 파악하는 연습을 해보세요.

크기 90센티미터
헛간 남서쪽

가을 나무

어떤 나무가 단풍이 들까요? 색과 모양이 각기 다른 나뭇잎을 다섯 가지 그려보세요. 같은 종류의 나무는 모두 같은 색을 띠나요? 다른 종류의 나무는 단풍 색도 전부 다른가요? 가을에 단풍이 드는 원리를 조사해보세요. 나무와 관목의 씨앗, 열매, 견과를 찾아서 그려보세요. 상록수와 낙엽수의 차이를 그림으로 묘사해보세요. 근처에 자라는 나무의 형태를 다섯 가지 그리고 각각의 나무 이름을 알아보세요. 여러분이 사는 지역에는 어떤 자생종과 외래종 나무가 있나요?

겨울나무

여러분과 같은 지역에 사는 나무 목록을 만드세요. 나무의 전체 윤곽선과 나뭇가지, 잎눈, 씨앗, 낙엽 등의 세부 사항까지 최대한 자세히 묘사해보세요.

특정한 나무에서 겨울을 나거나 둥지를 트는 동물은 무엇이 있나요? 여러분이 사는 지역에서는 어떤 나무가 건강하고 어떤 나무가 병들었나요? 그 이유는 무엇일까요?

다양한 상록수와 낙엽수의 윤곽선을 그리면서 고유의 형태를 파악하세요. 여러분 주변에 활엽상록수가 있나요? 나무껍질 무늬를 살펴보세요. 나무껍질만 보고도 종류를 구분할 수 있나요?

봄 나무

꽃눈이 자라서 피어나는 모습을 그려봅시다. 매일 관찰한 내용과 날짜를 기록하세요. 새로 난 잎의 모양과 색은 어떤가요? 따스한 양지와 추운 그늘 중 어디 있는 나무에 먼저 잎이 나오나요? 개나리, 사과나무, 버드나무, 층층나무 가지를 꺾어보세요. 집으로 가져와 물에 담가놓고 서서히 피어나며 벌어지는 잎과 꽃을 관찰하고 기록하세요.

여름 나무

새로운 장소에 가면 눈앞에 보이는 나무의 다섯 가지 형태를 그리면서 그곳의 나무에 관해 알아보세요. 그림은 작게 그리세요. 여러분이 사는 곳에도 비슷한 종류의 나무가 있나요?

새, 부리와 깃털

조류 관찰은 점점 더 인기 있는 야외 활동으로 자리 잡고 있습니다. 혼자서든 여럿이든, 거의 어느 곳에서든 쌍안경과 훌륭한 조류 도감(선택지도 다양합니다)만 있으면 다양한 새를 찾고 관찰할 수 있습니다. 대부분의 지역에서는 아침저녁으로 산책하다 보면 여남은 종류의 새를 발견하게 됩니다.

새를 그려본 경험이 없어도 부담스러워할 필요는 없습니다. 시간을 들여 새를 꼼꼼히 지켜보면 됩니다. 세부 사항을 눈여겨보세요. 자연 도감과 사진을 보고 그리는 것도 좋은 방법입니다. 현장에서는 꼬리나 머리 또는 등의 일부밖에 못 보더라도 낙심하지 마세요. 새는 빨리 움직여서 그리기 까다롭지만, 그래도 조류 관찰을 통해 야외 활동을 즐기고 매번 더 많은 것을 배울 겁니다.

사람들은 새가 세상을 자유롭게 떠도는 작고 쾌활한 노래꾼이라고 생각하지만, 사실 새는 눈부시게 작열하는 본능을 따를 뿐이다.

켄 코프먼
《바람의 계절》

새 그리기

타원형 몸통과 둥근 머리의 두 가지 기본 도형으로 시작하세요. 목 길이는 새에 따라 다양합니다.

큰 기하학 도형들을 파악하세요.

알에서 나온 새가 또 다른 알을 낳습니다.

날개, 꼬리, 발 위치를 잡기 위해 골격을 그려 넣습니다. (골격 이미지는 인터넷에서 쉽게 찾을 수 있습니다.)

깃털

무더기로 난 깃털은 여러 개의 선으로 표현합니다.

음영 선은 머리에서 아래로 등을 가로질러 내려갑니다.

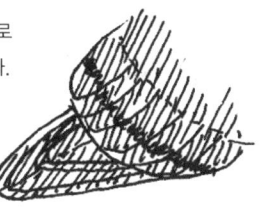

작은 깃털은 가는 선으로, 큰 깃털은 굵은 선으로 그립니다.

부리

부리 모양은 용도에 따라 다양합니다.

작은 눈을 그릴 때는 하이라이트에 신경 쓰세요.

윗부리는 벌어지지만 아랫부리는 벌어지지 않습니다!

눈

살아 있는 동물의 눈은 둥글고 빛을 반사하므로 그림에서도 이런 특징이 드러나야 합니다. 눈에 하이라이트가 없으면 죽은 동물처럼 보입니다. 눈 윗부분에 하이라이트를 넣어 광원의 존재를 나타냅니다. 옆 페이지 새의 눈에 하이라이트를 어떻게 넣었는지 확인하세요.

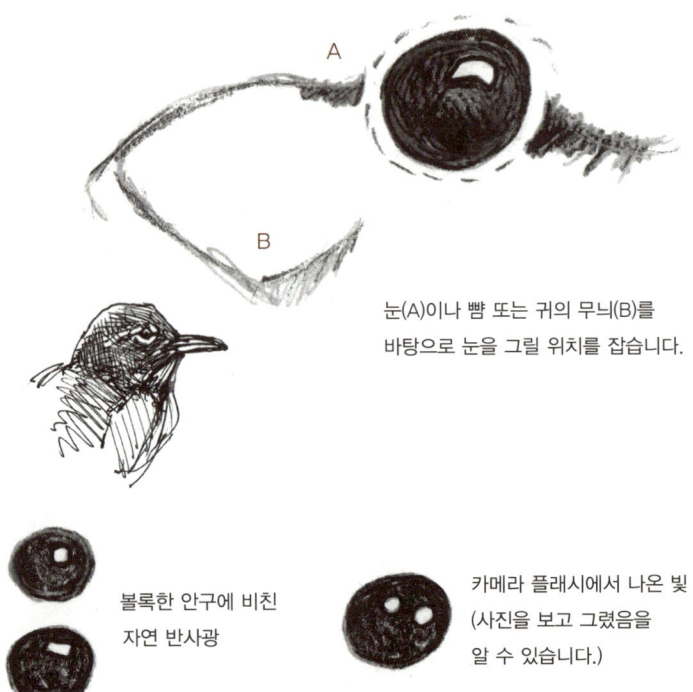

눈(A)이나 뺨 또는 귀의 무늬(B)를 바탕으로 눈을 그릴 위치를 잡습니다.

볼록한 안구에 비친 자연 반사광

카메라 플래시에서 나온 빛 (사진을 보고 그렸음을 알 수 있습니다.)

발

발 모양과 다리 길이는 서식지에 따라 달라집니다.

얼마 전 돌아온 매. 이 녀석이 신나게 시내의 비둘기들을 잡아먹고 있다.

야외에서 새를 관찰하고
집으로 돌아와 자연 도감과 인터넷에서 찾은 사진으로
자세한 외관을 파악한 후 다시 그렸습니다.

해부학의 이해

조류 전반의 해부학적 구조와 그리려는 새의 종류를 알면 그리기가 더 쉬워집니다. 왜가리든 박새든 모든 새의 기본 골격은 동일합니다.

참고로 대부분의 조류 도감은 가장 원시적인(가장 오래된) 종에서 시작하여 가장 진화된(가장 새로운) 종으로 끝납니다. 첫째로 아비, 그다음 논병아리, 풀머갈매기(코가 길쭉한 바닷새입니다), 펠리컨, 오리와 거위, 매, 뇌조, 왜가리, 두루미, 도요와 갈매기, 비둘기, 올빼미, 앵무새, 딱따구리, 마지막으로 소형 명금류 순서입니다.

어떤 동물이든 옆모습부터 그려보는 것이 가장 좋습니다. 모양, 비율, 세부 사항을 더 쉽게 파악할 수 있으니까요. 그래서 자연 도감에도 대부분 옆모습이 그려져 있습니다.

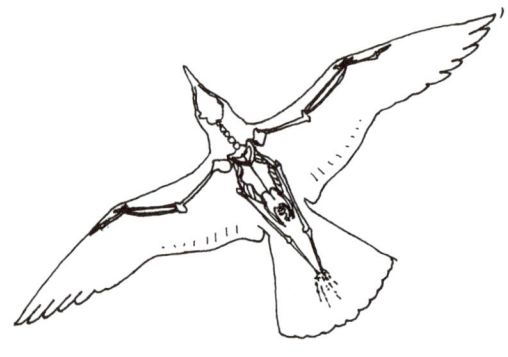

새는 뼈가 비어 있어서 가볍게 날 수 있습니다. 새의 몸에서 가장 무거운 부위는 커다란 비행 근육이 발달한 가슴입니다.

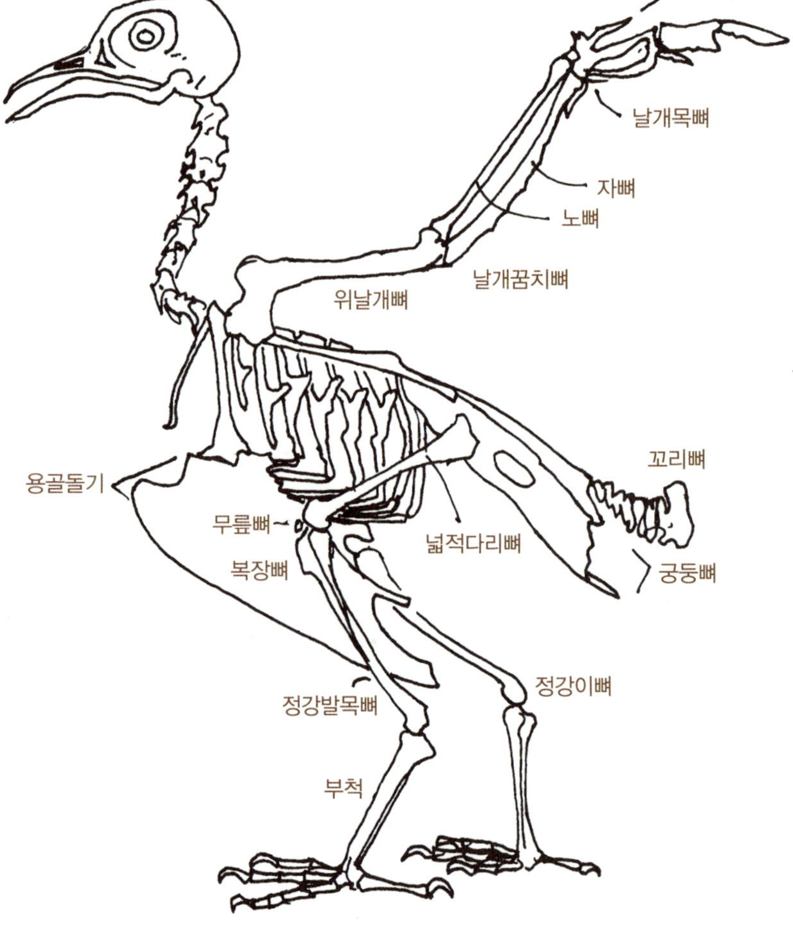

바로 여기가 새의 무게 중심입니다.

우리가 새의 다리에서 볼 수 있는 것은 정강이뼈 아래뿐입니다!

두 발을 노 젓듯 뒤로 차며 헤엄친다.

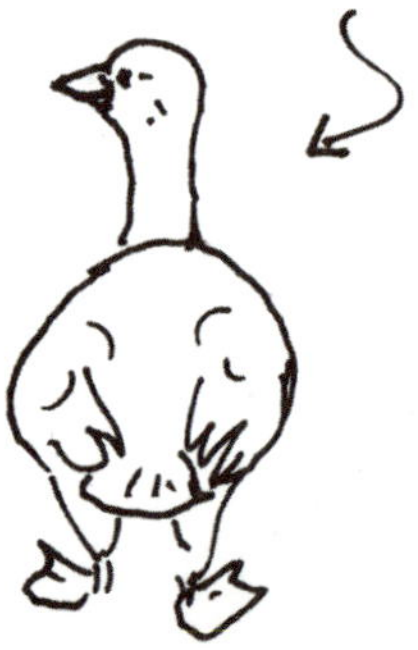

새는 그리기 좋은 옆모습을 순순히 보여주지 않습니다!

가락뼈
날개목뼈
자뼈
노뼈
날개꿈치뼈
위날개뼈
꼬리뼈
용골돌기
무릎뼈
복장뼈
넓적다리뼈
궁둥뼈
정강이뼈
정강발목뼈
부척

날개 구조

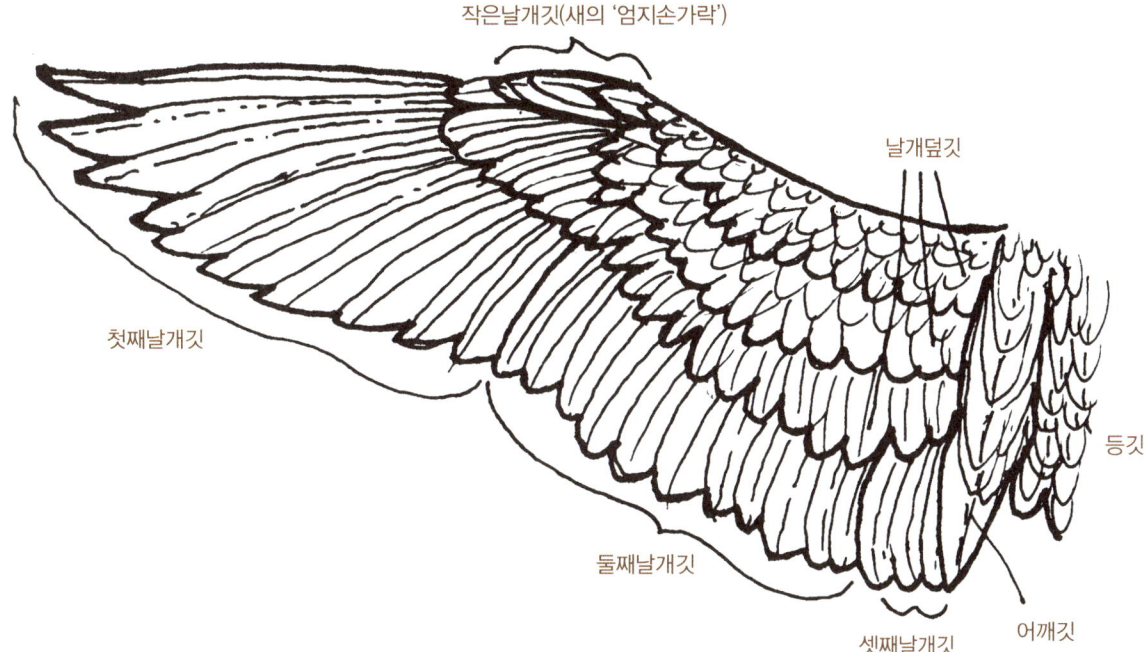

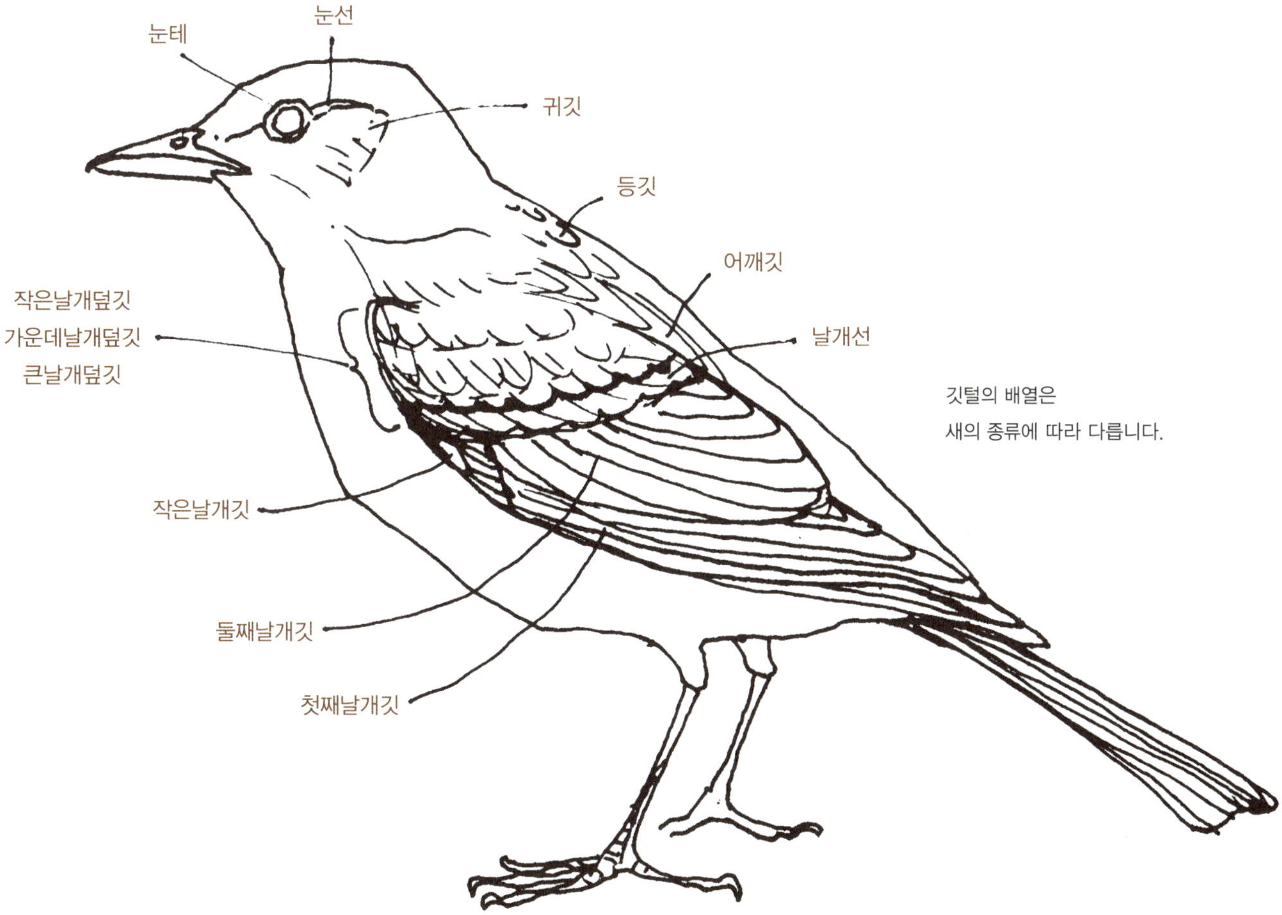

깃털의 배열은 새의 종류에 따라 다릅니다.

모이통에 모인 새 그리기

모이통이나 동네 연못이나 도시 공원에서 새 그리기 연습을 할 때 명심할 점이 있습니다. 새는 자꾸 날아오르지만 좀처럼 멀리 떠나진 않고 계속 같은 자리로 돌아온다는 것입니다. 간단한 윤곽선 그리기나 크로키로 시작하세요(3장 참조). 새 한 마리를 일부라도 포착해봅니다. 그 새가 떠나면 다른 새를 그리다가, 돌아오면 원래 그림으로 돌아가세요. 많이 그릴수록 새의 구조에 익숙해져 세부 묘사도 넣을 수 있을 겁니다.

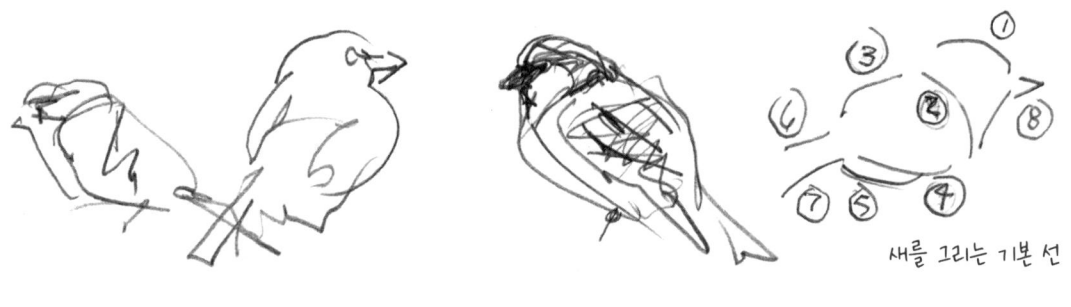

새를 그리는 기본 선

현관에 걸린 크리스마스리스와
담쟁이덩굴 열매를 따먹는다.

* 세부 묘사는 자연 도감을 참고했다.

어느 날 하굣길에 새 지저귀는 소리가 들렸어요.
새들이 이 나무에서 저 나무로 날아다니고 있었죠. 문득 그런 생각이 들었어요.
"서머빌의 나무가 베여나가면 새와 다른 동물이 살 곳이 없어지겠구나."

6학년 학생

비둘기 보고서

비둘기는 눈앞에서 새들의 행동을 관찰하고 기록할 절호의 기회를 제공합니다. 미국에서 비둘기를 사육하기 시작한 것은 잡아먹거나 전령으로 삼기 위해서였습니다. 친척인 바위비둘기는 절벽에 둥지를 틀고 좁은 공간을 이리저리 날아다니며 아무데나 내려앉을 수 있습니다. 이런 유연성 덕분에 비둘기는 현대 도시에 적응할 수 있었지요.

비둘기는 구애의 메시지로 날아오르며 날개를 치기도 한다.

짝을 찾으면 밀폐된 공간에 막대기, 끈, 종이를 마구잡이로 쌓아 둥지를 짓는다. 구애와 둥지 짓기는 보통 1월 말에 시작되지만 일 년 내내 짝짓기 행동을 관찰할 수 있다.

공원에서 관찰한 비둘기들의 자세

1. 고개를 숙이고 깃털을 부풀려 짝짓기 상대나 동료들에게 힘을 과시하는 수컷

2. 깃털을 부풀리고 꼬리를 내린 채 유유히 거닐며 동료들이나 암컷에게 힘을 과시하는 수컷

3. 암컷을 비둘기 무리 가운데서 혹은 무리 밖으로 쫓으며 동료들에게 자기 짝이라고 과시하는 수컷

4. 구애 행동의 일환으로 수컷의 입에 부리를 넣고 함께 머리를 까닥이는 암컷

5. 구애 행동의 일환으로 서로 머리 깃털을 가다듬어주는 암컷과 수컷

*이 페이지는 내가 매사추세츠 오듀본 협회지 〈생추어리〉에 연재하는 '현장 스케치북 소식'에도 실린 내용입니다.

도토리 + 너도밤나무 열매

모이통에 든 씨앗

가을 과일

아직 활동 중인 곤충

가을 새

여러분 주위에는 어떤 새들이 사나요? 그중 겨울이 되면 떠나는 새와 겨우내 동네에 머무는 새는 무엇인가요? 꾀꼬리, 울새, 어치, 비둘기, 황조롱이, 캐나다기러기, 박새, 원앙 등 지역에 사는 새들을 실물이나 사진으로 보며 그려보세요. 이들은 텃새인가요, 철새인가요? 떠난다면 어디로 가나요?

겨울 새

겨울에도 여러분이 사는 동네를 떠나지 않는 새 다섯 종을 찾아보세요. 어디서 지내나요? 무엇을 먹나요? 자기네끼리 무리지어 이동하나요, 아니면 여러 종이 뒤섞여 이동하나요? 겨울 동안 의사소통은 어떻게 하나요?

밝고 화창한 날이면 더 많은 새들이 노래하고 날아다니는 것을 볼 수 있습니다. 2월이 오면 비둘기, 홍관조, 수리부엉이, 우는비둘기 등이 활발하게 짝짓기를 합니다. 늦겨울은 다양한 오리가 짝을 찾는 시기입니다. 물가나 바닷가에서 새들의 구애 행동을 관찰하고 기록해보세요.

봄 새

겨우내 근처에 머무른 새가 있나요? 봄을 맞아 가장 먼저 나타난 새는 무엇인가요? 봄에 돌아오는 다양한 철새를 처음 목격한 날짜는 각각 언제인가요? 짝짓기 철을 맞아 화려한 깃털이 난 수컷들을 찾아보세요. 가을에 남쪽으로 떠났을 때와는 전혀 다른 모습일 거예요. 지역마다 여러분의 참여를 기다리는 다양한 탐조 모임이 있습니다. 쌍안경이나 망원경을 빌려주는 곳도 있답니다.

여름 새

여러분이 사는 지역의 여름 새를 다섯 가지 꼽아볼 수 있나요? 일 년 내내 머무는 텃새인가요, 아니면 봄에 왔다가 가을에 떠나나요? 도요새, 물새, 바닷새인가요? 혹은 매, 올빼미, 딱따구리 또는 명금류인가요? 짬을 내어 휴대용 도감과 쌍안경을 활용한 관찰 방법을 배워보세요. 새둥지를 찾으면 어미 몰래 새끼의 성장을 관찰하고 기록할 수 있어요. 친구를 찾거나 모임에 가입하여 여럿이 함께 탐조에 나서보세요.

포유류, 반려동물 및 야생동물

포유류는 그리는 재미가 쏠쏠합니다. 고양이나 개, 기니피그나 햄스터 등 반려동물을 키운다면 더욱 즐겁게 그림을 연습할 수 있지요. 반려동물이 없다면 자연 도감, 달력, 엽서나 잡지 사진을 보며 그리세요. 지역 과학박물관이나 자연사박물관에서 다양한 서식지 디오라마와 함께 전시된 박제 및 모형 동물을 관찰해도 좋습니다. 동물원에서는 우리 안에 있는 동물뿐만 아니라 자유롭게 돌아다니는 현지 동물도 볼 수 있습니다. 거주 지역에 따라 다람쥐, 청설모, 미국너구리, 스컹크, 사슴, 코요테, 엘크나 영양도 만날 수 있지요.

기본 도형으로 시작하기

옆모습부터 그려보는 게 좋습니다. 신체 비율을 가장 확실히 관찰할 수 있으니까요. 윤곽선 그리기를 연습하고 단축법을 파악하고 나면 다양한 자세를 그릴 수 있을 겁니다.

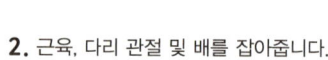

어깨선이 중요합니다.

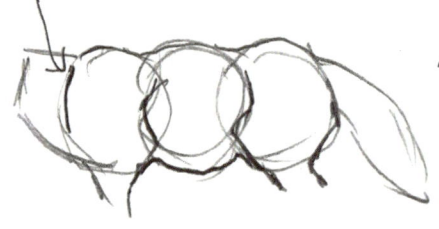

1. 일단 어깨, 배, 엉덩이에 해당하는 원을 그리세요.

2. 근육, 다리 관절 및 배를 잡아줍니다.

3. 비율과 형태를 제대로 잡았다면 세부 묘사와 털을 추가합니다. 털이 난 방향에 따라 몸 앞쪽에서 뒤쪽으로 비스듬히 그려 넣습니다.

1. 동물 주위 공간의 각도와 모양을 확인하는 것도 도움이 됩니다.

2. 그리면서 계속 자세의 각도를 조정하여 올바른 방향을 잡아줍니다.

3. 눈의 모양과 위치가 정확해야 합니다. 계속 그리고 지우면서 코와 귀 사이의 공간을 가늠해보세요.

반려동물 그려보기

집에서 키우는 동물을 그려보면 다른 여러 동물을 그리기 위한 좋은 연습이 됩니다. 반려동물은 밤중이나 비 오는 날, 또는 실내에서 그림을 그리고 싶을 때 언제든지 모델이 되어줍니다.

바닥에 개의 몸을 관통하는 직선을 긋습니다. 벌렁 드러누운 개를 그릴 때 좋은 방법입니다.

개를 그려보면 여우, 코요테, 늑대를 그릴 때도 도움이 됩니다.

먼저 몸통을 원형으로 스케치하세요. 개가 움직이면 기억을 더듬어 그려도 됩니다.

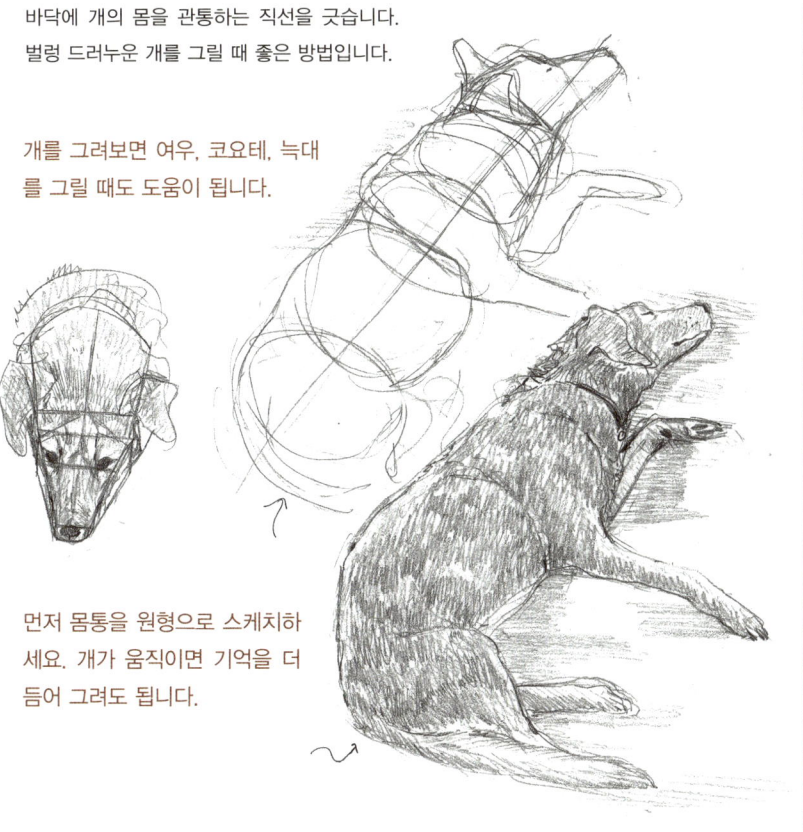

토끼를 그릴 수 있다면 이를 응용해 다른 여러 동물을 그릴 수 있습니다.

고양이 그리기는 살쾡이, 퓨마, 재규어, 사자 등의 고양잇과 동물을 그리는 예습 과정입니다.

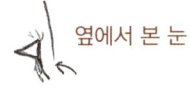 동공은 가느다란 세로 선을 이루거나 동그랗게 확장되기도 합니다.

옆에서 본 눈

우선 스케치를 통해 기본 형태와 얼굴 대칭을 포착하세요. 머리를 유심히 관찰하세요. 고양이의 눈은 두개골 양옆이 아니라 앞쪽에 있습니다! 고양이는 많이 움직이는 동물이니 다양한 자세로 그려보세요.

옆의 스케치는 대부분 고양이가 움직이는 동안 기억을 더듬어 그린 것입니다.

1. 대강의 형태를 포착합니다.

2. 눈과 무늬, 색 등 개체의 특징을 반영하세요.

3. 머리부터 꼬리까지 털을 그려 넣습니다. 보통 머리는 털이 짧고 등과 다리, 꼬리는 깁니다.

움직이는 동물 그리기

동물이 움직일 때 전체 형태를 잘 살펴보세요. 윤곽선 그리기와 크로키를 수차례 반복하면서 신체 구조를 파악합니다. 동물이 움직이면 다른 스케치로 옮겨갑니다.

한 번에 여러 개의 스케치를 진행하면서 동물이 이전 자세로 돌아가면 중단했던 스케치를 재개합시다. 전체 형태에 충분히 익숙해지면 기억을 더듬어 세부 사항을 추가할 수 있답니다.

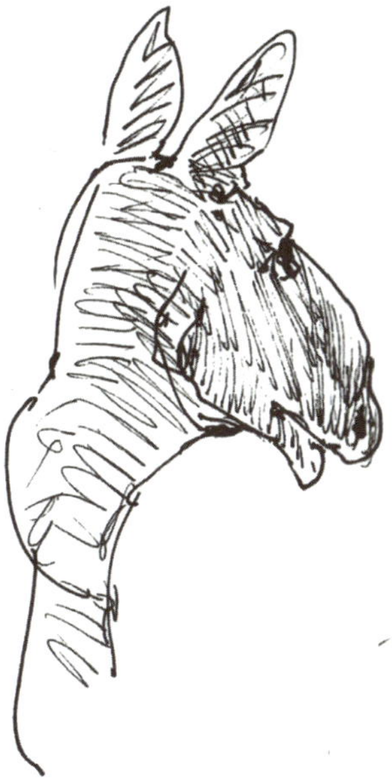

우리 집 뒤뜰 창밖에
말코손바닥사슴이 있더군요.
기회를 놓칠까 봐
얼른 종이와 펜을 챙겨서
그렸답니다.

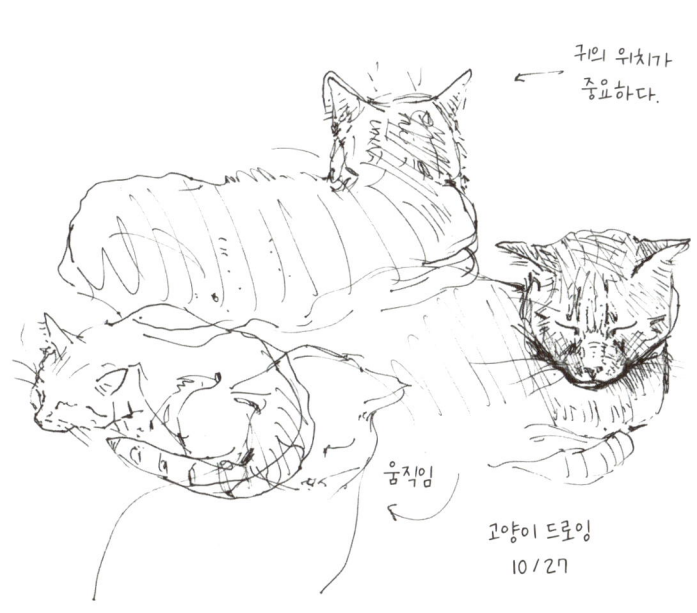

잠자는 고양이 크로키

동물원에 메모장이나 종잇조각을 가져가서 크로키를 해보세요.

해부학의 이해

자연 도감의 사진이나 그림은 훌륭한 참고자료입니다. 다만 사진의 경우 그림자, 카메라의 왜곡, 화질로 인한 오류가 발생할 수 있음을 유념하세요. 어떤 동물을 처음 그릴 때는 명암을 최소화하여 옆모습 전체를 그려보는 것이 가장 좋습니다. 모든 부위를 명확히 묘사할 수 있고, 그림자를 무늬로 혼동하거나 높게 자란 풀을 다리로 잘못 보는 일도 없을 겁니다.

일단 동물의 각 부위와 기본 형태를 파악하면 단축법을 적용할 수 있습니다. 움직이거나 풀밭에 누운 모습도 그릴 수 있지요.

골격 구조를 온전히 이해하고 나면 어떤 동물이든 잘 그릴 수 있답니다.

> 야생동물은 예측 불가능할 때가 많습니다. 아무리 익숙한 종류라도 항상 새롭게 관찰하고 묘사할 부분이 있어요.
>
> 존 버스비
> 《자연 드로잉》

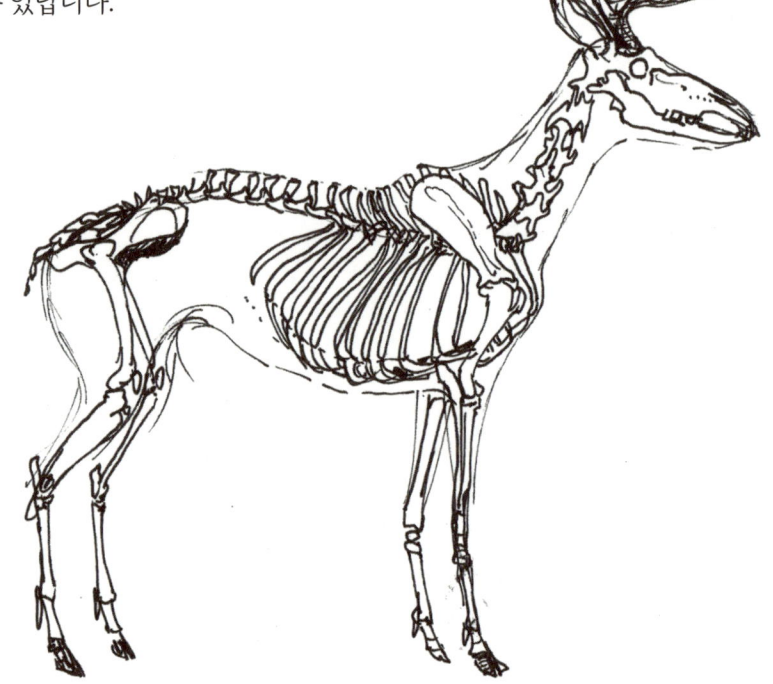

기본 형태
동물의 신체 구조는 어깨, 배, 엉덩이에 해당하는 세 개의 원을 중심으로 목, 머리, 다리가 추가됩니다.

원하는 형태를 포착한 다음 털, 명암과 양감, 눈, 귀, 뿔, 발굽 등 세부 묘사를 추가하세요.

동물을 몸 뒤쪽에서 앞쪽으로 쓰다듬는다고 상상하면서 그 자취대로 털을 그리세요.

나는 왼손잡이라서 털을 비롯한 세부 묘사는 몸 뒤쪽부터 시작합니다. 그래야 연필이나 펜이 손에 묻거나 번지지 않을 테니까요. 머리에서 꼬리 방향으로 비스듬하게 털을 그려 넣습니다.

털은 처음에는 짧은 선으로 시작하되 몸을 따라가면서 점점 길게 그립니다.

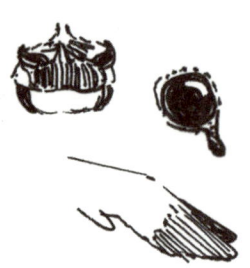

부분 묘사 연습
세부 사항에 초점을 맞추어 작은 그림을 그려봅니다.

사막에 사는 키트여우
열을 방출하기 위해 귀가 커졌다.
작고 날씬하다.
66~86센티미터

붉은여우
도시와 농장에 살 수 있게
적응했다.
90~115센티미터

코요테
동부에서 서부 초원과 목장으로
이주하면서 덩치가 커졌다.
104~132센티미터

북극여우
열 손실을 줄이는 방향으로 진화했다.
털가죽이 두껍고 몸이 작으며
귀는 짧다. 겨울에는 하얗지만
여름에는 암갈색이다.
74~91센티미터

회색늑대
몸집이 건장하며
북반구 황야에서 보호색을 띤다.
0.9~1.8미터

알래스카주 갈레나로 현장 학습을 떠나기 전에 자연 도감을 보고 그렸습니다.

탐구 과제 정하기

특정 동물 연구는 학교, 개인 또는 가족에게 즐거운 탐구 과제가 됩니다. 실물 관찰 말고도 책이나 인터넷, 자연 동영상에서 선택한 동물을 조사해보세요. '스컹크는 왜 악취를 뿜어낼까?', '고슴도치는 어떻게 가시를 세울까?'처럼 구체적인 질문을 제시해도 좋습니다.

청설모:

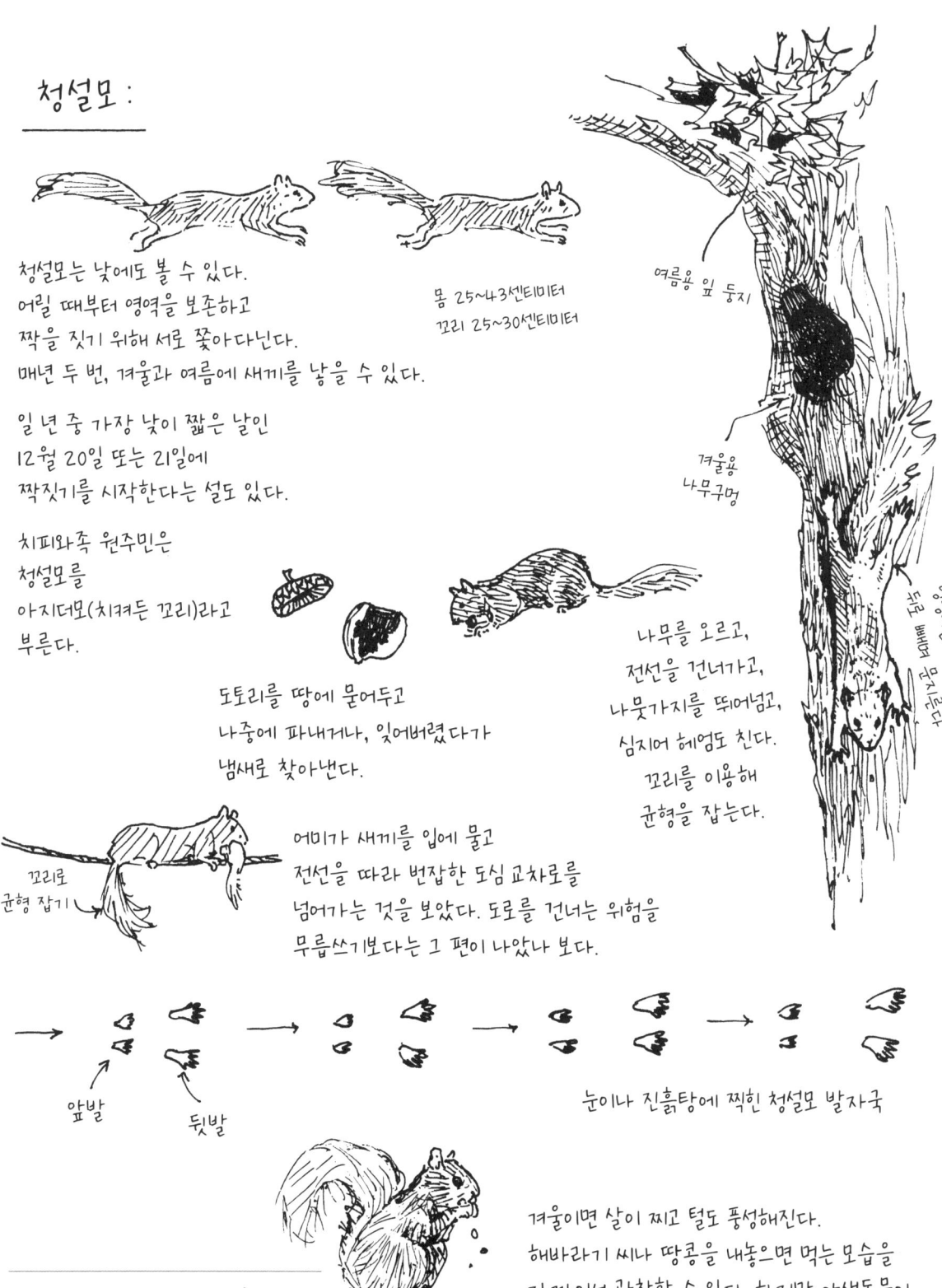

청설모는 낮에도 볼 수 있다.
어릴 때부터 영역을 보존하고
짝을 짓기 위해 서로 쫓아다닌다.
매년 두 번, 겨울과 여름에 새끼를 낳을 수 있다.

일 년 중 가장 낮이 짧은 날인
12월 20일 또는 21일에
짝짓기를 시작한다는 설도 있다.

치피와족 원주민은
청설모를
아지더모(치켜든 꼬리)라고
부른다.

몸 25~43센티미터
꼬리 25~30센티미터

여름용 잎 둥지

겨울용
나무구멍

얼굴이를
뒤로 빼면서 달아난다

도토리를 땅에 묻어두고
나중에 파내거나, 잊어버렸다가
냄새로 찾아낸다.

나무를 오르고,
전선을 건너가고,
나뭇가지를 뛰어넘고,
심지어 헤엄도 친다.
꼬리를 이용해
균형을 잡는다.

꼬리로
균형 잡기

어미가 새끼를 입에 물고
전선을 따라 번잡한 도심 교차로를
넘어가는 것을 보았다. 도로를 건너는 위험을
무릅쓰기보다는 그 편이 나았나 보다.

앞발 뒷발

눈이나 진흙탕에 찍힌 청설모 발자국

겨울이면 살이 찌고 털도 풍성해진다.
해바라기 씨나 땅콩을 내놓으면 먹는 모습을
가까이서 관찰할 수 있다. 하지만 야생동물이
전부 그렇듯 길들이기는 어렵다.

이 페이지는 내가 매사추세츠 오듀본
협회지 〈생추어리〉에 연재하는 '현장
스케치북 소식'에 실린 내용입니다.

양서류와 파충류

자주 볼 수는 없지만, 양서류와 파충류는 우리와 가까운 곳곳에 존재합니다. 여러분이 사는 지역의 거북이, 도마뱀, 개구리, 뱀, 도롱뇽을 잘 알아두세요. 이들 역시 지역 생태계의 일원이니까요. 양서류와 파충류는 자연 도감이나 사진을 보고 그리는 편이 수월합니다. 야외에서 개구리나 도롱뇽을 발견하면 얼른 스케치하고 나중에 사진을 보며 세부 묘사를 추가하세요.

양서류와 파충류 그리기

1. 기본 도형을 파악하여 전체 형태를 그립니다.

2. 자세와 척추 각도를 반영합니다.

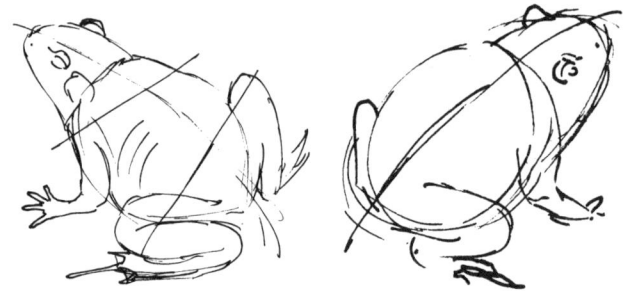

3. 형태가 잘 잡혔다면 세부 묘사를 추가합니다.

피커렐개구리
5~9센티미터

미국두꺼비
5~10센티미터

왼손잡이인지 오른손잡이인지에 따라
대상을 그리는 방향이 달라질 수 있습니다.

동부상자거북
10~18센티미터

거북이는 2억 년이 지나도록
거의 변하지 않았다!

가터뱀
40~130센티미터

가는 부분에서
굵은 부분으로
이어지는 몸통의
윤곽선을 그려보세요.

비늘이 난
방향을
따라갑니다.

뱀의 눈은 햇빛을 막기
위해 투명한 비늘막으로
덮여 있답니다. 그래서
심술궂어 보일 수도 있
어요.

나무도마뱀
10~14센티미터

다리가 어떻게
움직이는지
살펴보세요.

앞발과 뒷발에 발가락이
각각 5개씩 달려 있어요.

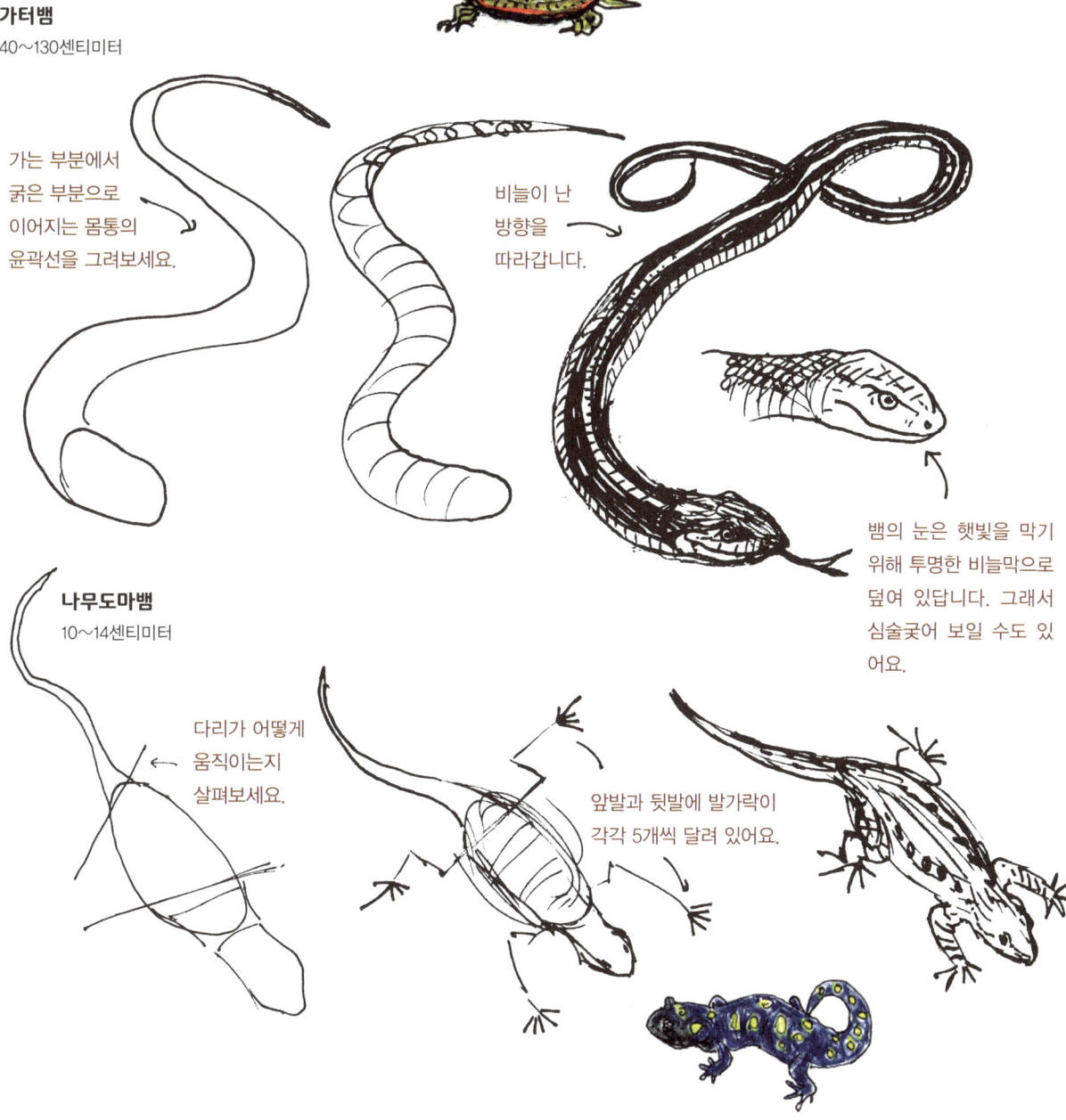

낙엽 무더기에서 발견한 점박이도롱뇽.
크기 최대 18센티미터

동부다람쥐는
땅속 겨울 보금자리에
낙엽을 쌓고 저장고에
먹이를 모아두느라 바쁘다.
겨울 보금자리
+ 피난처

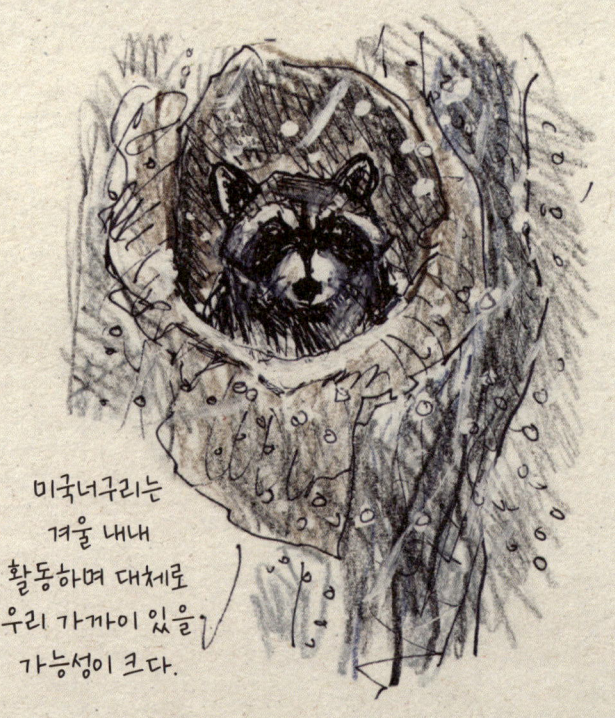

미국너구리는
겨울 내내
활동하며 대체로
우리 가까이 있을
가능성이 크다.

가을 동물

토끼, 다람쥐, 여우, 개구리, 도롱뇽, 거북이 등 주위에 흔히 보이는 동물을 조사하고 그려보세요. 가능하면 실물을 그리되 여의치 않다면 사진을 참고하거나 동물원에 가보세요. 자연 도감을 보며 동물의 발자국을 구분하는 법을 익히고, 야외에 나가서 발자국을 찾아 그려봐도 좋아요. 낮에 더 활동적인 동물과 밤에 더 많이 돌아다니는 동물을 알아보세요. 어떤 동물이 스스로 둥지를 만들고 어떤 동물이 다른 동물의 둥지를 사용하나요? 겨울을 나기 위해 사람들의 집으로 숨어드는 동물은 무엇이 있나요?

겨울 동물

여러분 주변에서 겨울에도 계속 활동하는 동물은 무엇이 있나요? 겨울잠을 자다 깨다 하는 동물은요? 겨우내 깨지 않고 깊이 잠드는 동물로는 무엇이 있나요? 그리고 이런 동물들은 서로 어떻게 다른가요? 직접 관찰할 수 있는 동물은 무엇이고 흔적을 통해서만 간접적으로 관찰할 수 있는 동물은 무엇인가요?

여러분이 사는 지역을 꼼꼼히 둘러보면서 발자국, 씹고 뱉은 씨앗, 땅굴 등 동물이 남긴 모든 흔적을 기록해보세요. 눈에 띈 것들을 그리고 명칭, 발견 장소, 의미 등을 적어두세요.

이빨 자국?

송장개구리는 낙엽 무더기에
파묻혀 겨울을 나며 몸의 일부가
얼어도 생존할 수 있다.

흰꼬리사슴은 회색 겨울털에서 적갈색 여름털로 털갈이를 한다.

아메리카비버가 조경 디자인 개선에 나섰다.

봄 동물

낮이 길어지면 여러분 주변의 동물들은 어떻게 행동하나요? 스컹크는 미국너구리와 마찬가지로 2월이면 짝짓기를 하고 밤 외출이 잦아집니다. 우리 동네 청설모는 12월 말부터 1월까지 짝을 찾아서 4월에 새끼를 키운답니다. 해마다 개구리들의 짝짓기 합창이 언제쯤 시작될지 귀 기울여보세요. 가장 먼저 울기 시작하는 개구리 종류는 무엇인가요? 다른 개구리들은 언제 합류하나요? 구멍, 땅굴, 씹은 나뭇가지 등 동물들이 남긴 흔적을 찾을 수 있나요?

여름 동물

여러분은 도시, 교외, 사막, 숲, 산 중 어떤 지형에 사나요? 그 지역의 동물들은 여름이면 어떤 행동을 하나요? 도서관에 가서 관심 있는 동물 다섯 가지를 조사해보세요. 여러분이 사는 지역에도 그 동물들이 있다는 단서를 찾아서 일기에 그리고 메모하세요. 동물 자체는 못 보더라도 발자국, 이빨 자국, 구멍, 배설물 등은 찾을 수 있을 거예요.

송장개구리의 한살이: 겨울에 커다란 알 덩어리를 낳는다. 부화한 올챙이는 물속에 머물다가 네 다리가 생기고 폐호흡을 할 수 있게 되면 땅으로 뛰쳐나온다.

3.8센티미터

황갈색 몸에 암갈색 얼굴 암수의 생김새가 같다.

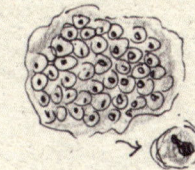

'양서류(amphibian)'의 amphi는 '수륙양용'을 뜻한다.

이제 땅 위를 뛰어다닌다.

올챙이가 개구리로 변태하는 시간은 종마다 다르다. 송장개구리는 약 한 달

곤충과 무척추동물

모든 곤충을 포함해 대부분의 동물은 신체 내부 골격이 없는 무척추동물입니다. 나는 손녀들과 학생들에게 모든 곤충을 소중히 여겨야 한다고 말하곤 합니다. 설사 징그럽거나 눈에 거슬린다고 해도요. 모기, 파리, 나방, 애벌레는 새와 동물의 중요한 먹이입니다. 게다가 많은 곤충이 사과와 토마토부터 난초와 박주가리까지 다양한 식물의 꽃가루받이 역할을 하지요. 세계적으로 곤충 개체수가 급격히 감소하는 만큼 우리 주위에 서식하는 곤충을 기록하고 그리는 일이 점점 더 시급해지고 있습니다.

곤충은 항상 움직이고 있으며 일 년 내내 실외나 실내 어디서든 볼 수 있기에 좋은 그림 소재가 됩니다. 날개 모양, 색과 무늬, 크기 등의 세부 사항을 참고하고 식별할 수 있도록 사진이나 그림이 있는 자연 도감을 준비하세요.

곤충 그리기

곤충의 몸은 좌우 대칭이므로 양쪽을 똑같이 그려야 합니다.

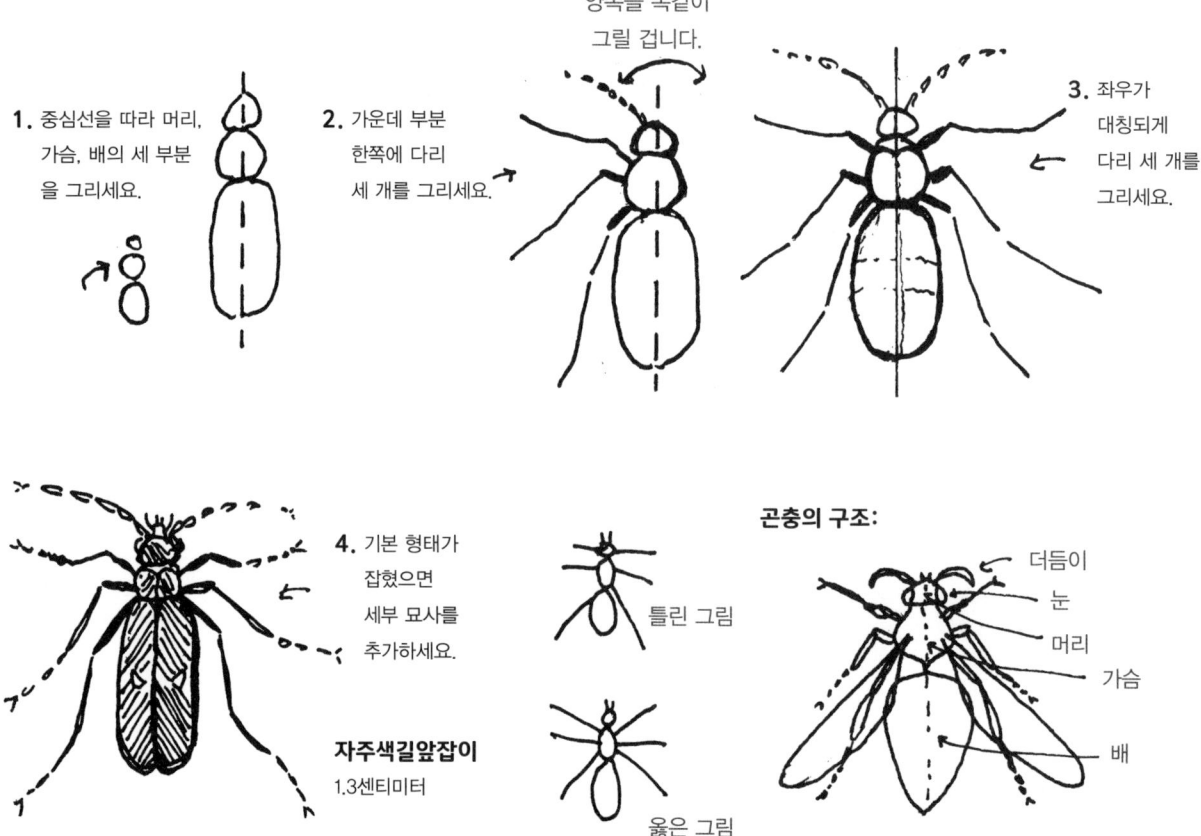

그 밖의 무척추동물

지렁이
6.4센티미터

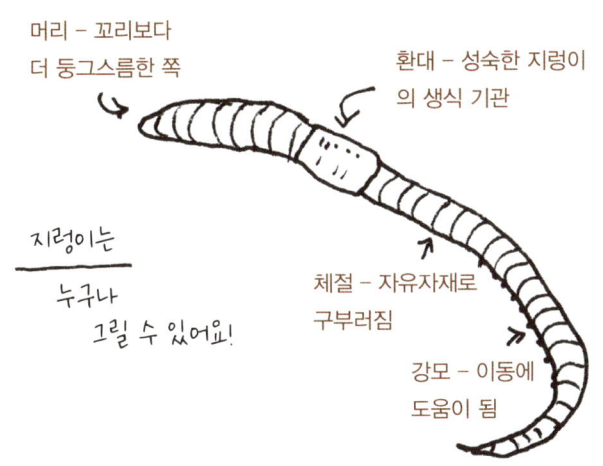

지렁이는 땅에 구멍을 뚫고 들어가면서 흙을 먹고 그 배설물을 지면의 여러 구멍을 통해 내보냅니다. 지렁이 배설물에는 토양을 비옥하게 유지해주는 영양분이 풍부합니다.

지렁이 배설물은 그리기 쉽고 어디서나 볼 수 있습니다. 사람들은 지렁이 배설물을 알아차리지 못하거나 발자국, 혹은 새나 개미가 남긴 흔적으로 착각하곤 하지만요. 지렁이에 관해 조사할수록 얼마나 놀라운 생명체인지 알게 된답니다!

달팽이 2.5~5센티미터
곡선으로 돌돌 말린 껍데기를 그려보세요.

쥐며느리 1센티미터
납작한 몸통으로 빠르게 기어서 도망칩니다.

공벌레 1센티미터
누가 건드리면 둥그런 등을 공처럼 말아버립니다. 콩벌레라고도 합니다.

그리마
2.5센티미터

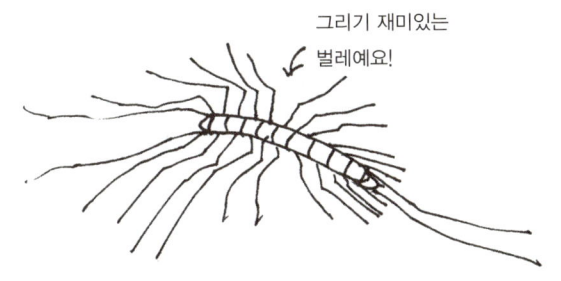

노래기
5센티미터

자연 도감을 보며 그린 나비들

곤충은 꼭 필요한 존재예요

모든 곤충까진 아니라도 대부분의 곤충은 개체 수가 급격히 감소하는 추세입니다. 이에 대해 국제적인 우려가 커져가고 있습니다. 생태계의 핵심 요소인 곤충이 줄어들면 심각한 문제가 생길 수밖에 없습니다. 최근에는 제왕나비의 존재 혹은 부재가 북미에서 멕시코(제왕나비가 겨울을 나는 곳입니다)에 이르기까지 학생들에게 자연에 관해 중요한 교훈을 주고 있습니다. 놀랍게도 이제는 많은 사람들이 제왕나비 애벌레의 먹이인 박주가리를 심고 있으며 종묘상이나 정원사에게 곤충에 치명적인 화학 물질을 쓰지 말아달라고 요청합니다. 자세한 내용은 저니 노스(Journey North)나 서세스 소사이어티(Xerces Society) 등 여러 단체의 웹사이트를 참고하세요. 더그 탤러미의 저서 《자연 이해하기》도 훌륭한 참고 자료입니다.

곤충은 동물계에서도 가장 방대한 집단인 절지동물문에 속합니다. 절지동물문에 속한 모든 종은 외골격과 마디로 이루어진 다리가 있습니다.

곤충의 종류

메뚜기목(Orthoptera) – 그리스어 어원은 '직선 날개'를 뜻합니다.

노린재목(Hemiptera) – '반쪽 날개'를 뜻합니다.

매미목(Homoptera) – '똑같은 날개'를 뜻합니다.

딱정벌레목(Coleoptera) – '칼집 날개'를 뜻합니다.

벌목(Hymenoptera) – '막으로 된 날개'를 뜻합니다.

나비목(Lepidoptera) – '비늘로 된 날개'를 뜻합니다.

파리목(Diptera) – '두 날개'를 뜻합니다.

잠자리목(Odonata) – '이빨 달린 턱'을 뜻합니다.

곤충은 벌레와 동의어가 아닙니다. 이 중에서 벌레는 노린재목뿐이에요! 무당벌레는 딱정벌레목에 속해서 벌레가 아니랍니다.

곤충 오케스트라

나른한 여름날에는 산책을 나가거나 야외에 앉아서 곤충 오케스트라에 귀 기울여보세요. 각각의 연주자를 관찰하며 어떤 곤충이 어떤 소리를 내는지 알아보세요. 휴대용 도감과 녹음기를 활용하여 확인해도 좋습니다. 기회가 된다면 곤충들이 짝을 찾는 소리도 들어보세요. 날개 끝을 앞뒤로 빠르게 떨거나 다리로 날개를 문지르는 곤충을 찾아보세요.

3.2센티미터 – 연녹색

츳츳 치릿치릿

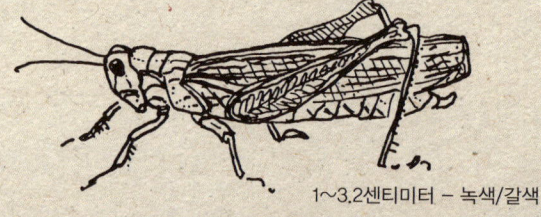

1~3.2센티미터 – 녹색/갈색

치지직 따닥따닥

여치
수컷은 바깥쪽 날개의 까칠까칠한 부분을 앞뒤로 빠르게 문질러 소리를 냅니다. 나무에 살고 겉모습도 나뭇잎처럼 생겼습니다. 더듬이가 매우 길며 다양한 종이 있습니다.

붉은다리메뚜기
땅에서 살며 단거리 수직 비행으로 이동합니다. 날아오를 때 날개에서 지직 소리를 냅니다. 더듬이가 짧습니다. 뒷다리 넓적마디를 앞날개의 딱딱한 시맥(翅脈)에 문질러 삐익삐익 소리를 냅니다.

1.6센티미터 – 검은색

귀뚤 귀뚤 귀뚤

1.9센티미터 – 연녹색

쓰르쓰르 푸르르

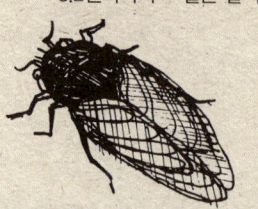

3.2센티미터 – 짙은 갈색

맴 맴 맴 맴 (매우 크다)

귀뚜라미
주로 야행성입니다. 살짝 위로 솟은 양 날개를 앞뒤로 문질러 귀뚤귀뚤 소리를 냅니다. 따뜻한 곳을 좋아해서 집 안에도 들어옵니다.

흰나무귀뚜라미
수컷은 나무와 덤불 속에서 부드럽고 은근한 소리를 냅니다. 15초 동안의 '울음' 횟수에 40을 더하면 대략적인 화씨온도를 확인할 수 있습니다. 온도가 낮을수록 소리가 느려집니다.

깽깽매미
더운 날이면 나무 어딘가에서 맴맴 울기 시작하며 점점 더 큰 소리를 냅니다. 이 '울음' 소리는 수컷의 날개가 아니라 배 아래에서 나옵니다.

거미 그리기

거미가 곤충이 아니라 거미류(arachnid) 절지동물이라는 사실은 잘 알려져 있습니다. 거미목은 거미강에서 가장 큰 하위 집단으로 전갈, 진드기, 통거미, 낙타거미(바람거미)를 포함합니다. 2019년에는 투구게도 거미류로 분류할 수 있다는 연구가 나오기도 했습니다.

거미는 종에 따라 체절과 다리 수가 다릅니다. 곤충의 다리는 가슴에 달린 반면 거미 다리는 전부 머리가슴에 달려 있습니다.

거미의 구조

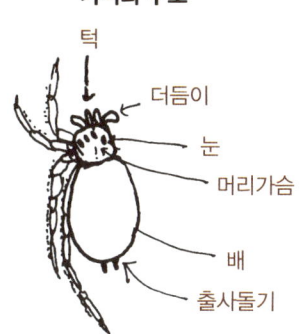

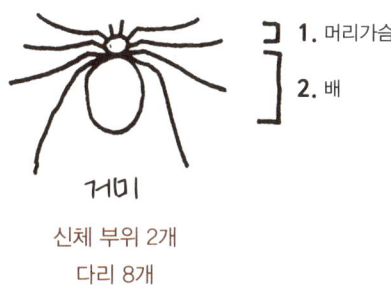

거미
신체 부위 2개
다리 8개

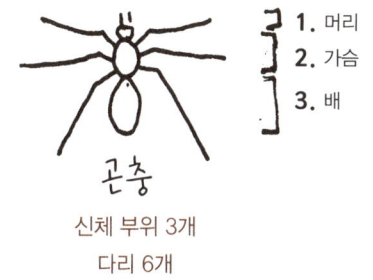

곤충
신체 부위 3개
다리 6개

거미는 다른 곤충과 마찬가지로 좌우 대칭입니다.

1. 기본 형태

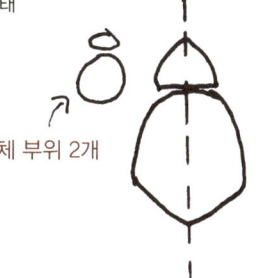

신체 부위 2개

2. 다리 그리기

머리가슴에서 나오는 다리 한 쌍을 그립니다.

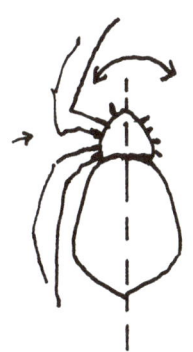

마찬가지로 대칭을 이루는 다리 세 쌍을 추가합니다(4개는 머리 방향, 4개는 배 방향).

3. 스케치를 다듬습니다.

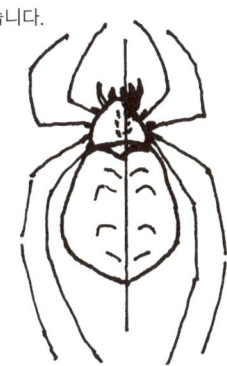

4. 그림을 완성합니다.

왕거미
1.3센티미터

신선나비

호박벌 여왕은 지하나 어두운 틈새에 숨어서 겨울을 난다.

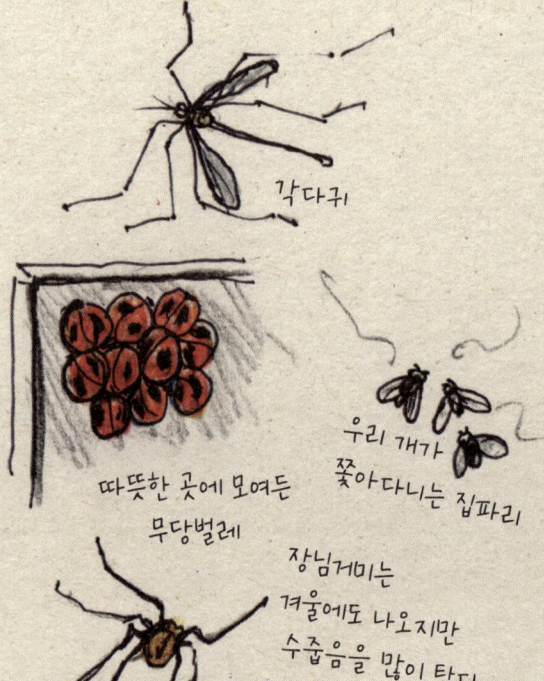
각다귀

따뜻한 곳에 모여든 무당벌레

우리 개가 쫓아다니는 집파리

장님거미는 겨울에도 나오지만 수줍음을 많이 탄다.

다리 하나가 없을 수도 있다.

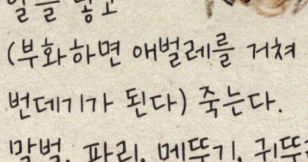
나비와 나방은 알을 낳고 (부화하면 애벌레를 거쳐 번데기가 된다) 죽는다. 말벌, 파리, 메뚜기, 귀뚜라미도 알을 낳고 죽는다(《샬럿의 거미줄》에 나오는 거미 샬럿처럼).

가을 곤충

곤충들의 합창은 가을이 다가온다는 신호입니다. '쓰르르르' '끼익끼익' '삐익삐익' 등 다양한 곤충의 소리를 듣고 각각 어떻게 내는 소리인지 조사해보세요. 다리를 날개에 비비는 소리인가요, 아니면 양쪽 날개를 비비는 소리인가요? 곤충들이 겨울을 어떻게 준비하는지 알아보세요. 추워지면 죽는 곤충이 많지만 잠자리나 제왕나비처럼 남쪽으로 이동하기도 해요. 알, 애벌레, 혹은 성충의 형태로 살아남는 곤충도 있어요.

겨울 곤충

집 안팎을 둘러보며 실내의 온기를 함께 나눌 곤충을 찾아보세요. 통거미, 거미, 지네, 노래기, 집파리, 각다귀, 무당벌레 등이 있을 겁니다. 이들은 무해하며 수줍음이 많아서 좀처럼 사람의 눈에 띄지도 않아요.

일찍 일어난 새가 벌레를 잡는다.

내 책상에서 자연 도감을 보고 그린 긴꼬리누에나방과 뒷날개나방

많은 새들은 주로 날아다니는 벌레를 잡아먹는다.

봄 곤충

여러분이 사는 지역에서 이른 봄 낮에 보이는 곤충 목록을 만드세요. 야생벌과 꿀벌 등 여러 종류의 벌, 번데기에서 일찍 나온 나비가 포함될 겁니다(뉴잉글랜드에서는 신선나비와 고운점박이푸른부전나비입니다). 개미, 쥐며느리, 지렁이도 활발하게 움직이기 시작합니다. 먹파리, 모기, 등에가 나오는 곳도 많습니다. 때려잡지 말고 그림으로 그려보세요! 이들이 성가시긴 해도 물고기, 거북이, 개구리, 뱀, 새 등 여러 동물의 주된 먹이임을 잊지 마세요.

여름 곤충

나비, 잠자리, 실잠자리, 딱정벌레, 벌, 나방, 메뚜기, 귀뚜라미에 관해 알아보세요. 이들이 알에서 성충이 되기까지 어떤 단계를 거치는지 조사하세요. 반드시 현장 스케치뿐만 아니라 자연 도감과 사진도 참고하여 그림을 완성하세요.

풍경

풍경은 그리기 복잡해서 내 강의나 책에서는 마지막 단계에 다룹니다. 꽃이나 조개껍질, 나뭇가지를 그릴 때는 눈에 보이는 대로 그리면 되죠. 풍경화에서는 무엇을 넣을지만큼 무엇을 뺄지도 중요합니다. 여러분이 기록하려는 공간이 집 뒤뜰이든 혹은 해안선, 대초원, 산이든 간에, 풍경화를 그리면 그 공간을 넓은 시야에서 볼 수 있습니다. 풍경화에 충분한 원근감을 불어넣으려면 몇 가지 기본 규칙을 따라야 합니다. 평평한 종이 위에 가상의 깊이, 거리, 공간을 구현하기 위해서지요. 산, 암벽, 나무, 물의 느낌을 연출하기 위해 얼마나 다양한 각도의 선과 획이 쓰였는지 주목하세요.

풍경화 그리기

나는 오랫동안 풍경화가들이 작업하는 모습을 관찰하고 책을 읽고 미술관에서 그림을 감상하며 풍경 그리는 방법을 배웠습니다(원근법에 관한 상세 설명은 82~83쪽을 참조하세요).

1. 처음에는 13×18센티미터 이하로 작게 스케치해보세요.

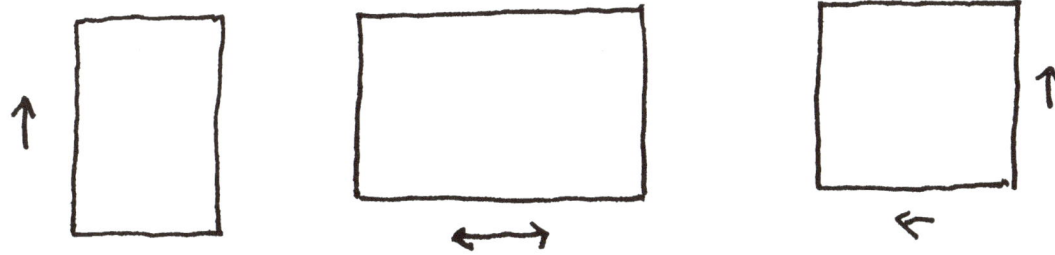

화면의 형태는 어떻게 할까요? 위의 형태 중 하나를 종이에 그립니다.
그 안에 액자 속 그림처럼 풍경을 배치합니다.

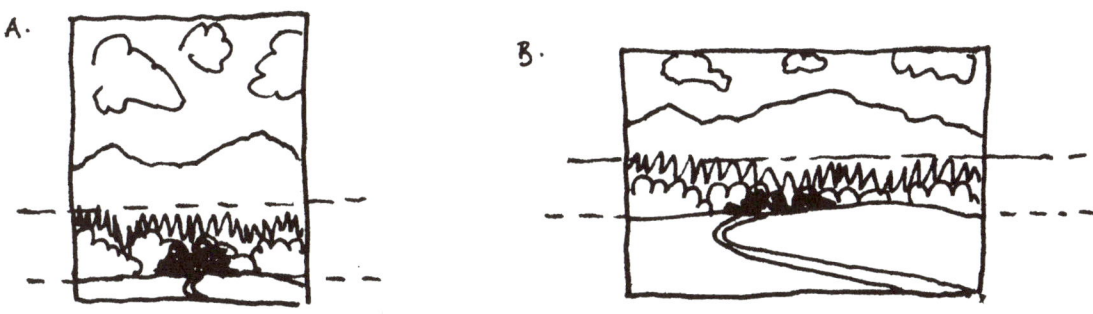

2. 화면 분할 예시:

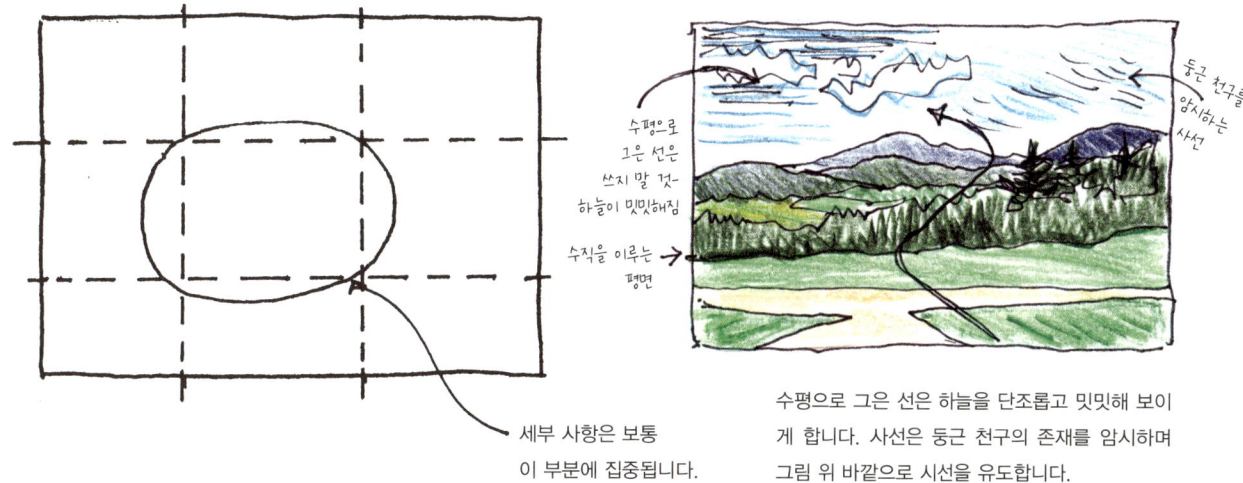

세부 사항은 보통 이 부분에 집중됩니다.

수평으로 그은 선은 하늘을 단조롭고 밋밋해 보이게 합니다. 사선은 둥근 천구의 존재를 암시하며 그림 위 바깥으로 시선을 유도합니다.

양감과 거리감 연출

드로잉은 선 긋기에서 시작됩니다. 선의 각도에 따라 형태, 평면, 거리가 만들어지고 평면에 입체적 풍경의 환상이 불러일으켜집니다. 회화에서 입체를 연출한다는 것은 거대한 도전이자 일종의 마술이라고 할 수 있습니다. 르네상스 시대에 레오나르도 다빈치, 필리포 브루넬레스키, 안드레아 만테냐와 같은 화가들이 나타나기 전까지는 아무도 캔버스에서 이 마술을 제대로 실현하지 못했습니다.

다양하게 선을 그어보세요. 선의 각도가 평면의 각도(수직, 수평, 15도 또는 60도, 왼쪽 또는 오른쪽으로 기울어짐)에 어떤 영향을 미치는지 살펴보세요.

좋아하는 장소

풍경화는 휴가 여행이나 좋아하는 장소를 떠올리게 하는 멋진 기념물이 됩니다. 위의 그림은 아이슬란드에서 친구와 함께 맛있는 점심을 먹으며 그렸습니다. 볼펜과 수채 물감으로 스케치하고 나중에 색연필과 수정액으로 세부 묘사를 추가했지요.

건물 그리는 법

관심이 가는 건물을 찾아서 그려보세요. 아래 그림은 단풍나무 수액을 끓여 시럽을 만드는 제당소입니다. 지울 수 없는 사인펜을 썼기 때문에 신중하게 스케치해야 했어요(학생들도 펜으로 그리면 대상을 더 정확하게 묘사할 수 있다는 것을 깨닫곤 합니다!). 6월이어서 그림을 그리는 동안 농부가 트랙터를 몰고 지나갔답니다. 시럽 만드는 시기는 한참 전에 지났고 건초 말리기가 한창이었거든요.

건물 방향을 제대로 잡으려면 한쪽 눈을 가늘게 뜬 채 펜을 들어 건물과 정렬시키세요.

6/25~7/3

(캐나다 동부 누나부트 준주의 배핀섬과 바일롯섬으로 떠난
자연 여행 일기에서 발췌)
일행 8명: 캐나다 여성 6명, 오스트레일리아 남성 1명, 나, 여행 가이드, 현지 이누이트 가이드 5명
떠난 이유? 동북극의 상태를 내 눈으로 직접 확인하고 싶어서 (서북극인 알래스카는 가본 적이 있다)

* 빙판이
더 두껍고 북극곰도 더 많다.
이 지역 이누이트는
여전히 사냥을 한다.
북극고래
바다코끼리
북극곰
바다표범
일각고래
새와 알
순록
비가 오락가락하면서
얼음이 녹고
영하 12도까지 내려간다.
("이젠 얼음이 더 일찍 녹고
더 늦게 얼어요." - 일라이어)

북극
도둑갈매기
흰기러기

빙산을 깨뜨려
식수로 썼다.

1.5미터 두께의 빙판에 고인 눈석임물

비 오는 날 텐트 밖에서
그림을 그리는 나

빙판에 앉아 풍경을 관찰한 뒤 텐트로 돌아가서 그렸습니다. 사용한 도구는 프랭 수채 물감 세트, 소형 붓, 물통, 사인펜, 이 지역에 관한 휴대용 도감뿐입니다.

이제 시작하세요

이번 개정판을 준비하면서 1999년 이후로 얼마나 많은 것이 변했고 또 얼마나 많은 것이 그대로인지 실감했습니다. 20여 년이 지나는 동안 자연 관찰 일기는 전 세계에서 인기 있는 취미가 되었습니다. 많은 사람들이 자연 관찰 일기 작성법을 가르치고 인터넷에도 관련 게시물이 끊임없이 올라옵니다. 내 최근 저서 《자연 속의 일 년: 위로의 기억(A Year in Nature: A Memoir of Solace)》은 2017년부터 2020년까지의 자연 관찰 일기를 1년 단위로 정리한 책입니다.

내게는 정말 감동적인 일입니다. 호기심을 갖고 쓰고 그릴 수만 있다면 야외로 나가 자연과 함께할 수 있다는 것을 이토록 많은 사람들이 깨달았으니까요. 환경, 정치, 의료 등의 문제로 사회가 불안할 때면 자연과의 지극히 사소한 연결도 우리를 기쁘게 하고 평정과 웃음, 용기를 선사할 수 있습니다. 내 좋은 친구 존 스렐폴이 스코틀랜드에서 보낸 편지처럼요. "우리 집 뜰에 검은머리휘파람새가 돌아왔어. 기뻐서 웃음이 나와. 내 영혼의 일부를 되찾은 것 같아."

이 일기장은 여기서 끝난다.
아직 남은 눈을 바라보며
첫 페이지를 펼쳤던
1월의 그 겨울날처럼,
변함없는 경이와 경건함,
조용히 지켜보는 위안 속에서
항상 꾸준한 기록을 통해
희망을 되찾는다.
나는 여기 마운트오번에서
매년 가을 스러져가는
눈부신 색채 가운데 앉아 있다.
가족을 포함해 모든 분주함에서 벗어나
고독의 순간을 맞이한다.
내가 여기 있는 건
다람쥐들 외에는 아무도 모른다.
2019 / 10 / 28

부록
자연 관찰 일기 가르치기

오늘날 학교는 시간에 쫓기고 있습니다. 분주한 교육과정 중에 아이들을 야외로 내보낸다는 건 정말 어려운 일이 되었습니다. 따라서 나는 유치원부터 고등학교까지 모든 학년 교과목 전반에 자연 관찰 일기의 취지를 통합 반영하자고 건의합니다(교과목에 따른 자연 관찰 일기 활용법은 206쪽을 참조하세요). 교사는 작문, 그리기/미술, 과학/자연 학습, 지리/지도 그리기, 역사, 수학, 심지어 체육/건강 등 모든 과목 수업에 자연 관찰 일기를 활용할 수 있습니다.

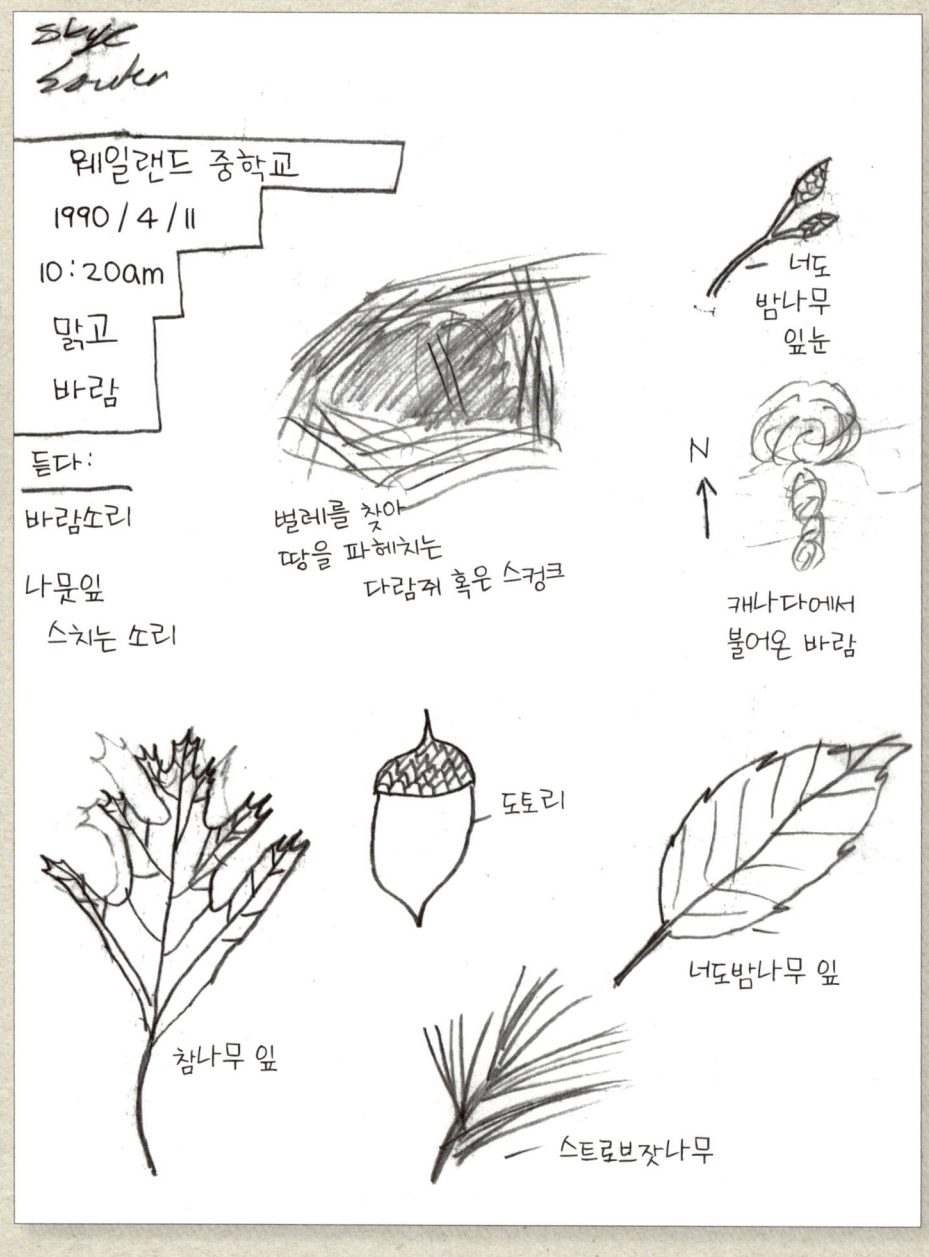

4학년 학생의 자연 관찰 기록

나는 40년 넘게 미국 각지에서 나만의 자연 관찰 일기 작성법을 가르쳤습니다. 내가 쓴 책은 북미를 넘어 세계 곳곳에서 사랑받습니다. 이런 인기의 비결은 무엇일까요? 사람들은 어디서나 자연과 연결되기를 원하며 나는 그 쉬운 방법을 알려주기 때문입니다. 내 제자들도 유치원부터 고등학교까지의 수업, 홈스쿨링 학생들의 집, 대학교 환경 연구 프로그램, 캠프장, 은퇴자 모임, 병원, 교도소, 나아가 재활 및 회복 시설에서 내게 배운 것을 가르치고 있습니다.

자연 관찰 일기의 기본은 우리와 같은 지역에서 함께 살아가는 자연 공동체에 호기심을 갖고 또 간직하는 것입니다. 기후 변화가 심각해질수록 비인간 이웃과의 유대를 강화해야 합니다. 결국 모든 생명은 지구라는 한배를 탄 셈이니까요.

자연 관찰 일기는 아주 쉽게 시작할 수 있습니다. 도구도 거의 필요 없고, 옳고 그름을 따질 필요도 없습니다. 3분만 시간을 내면 구름, 꽃, 나방, 깡충대는 토끼를 그림으로 남길 수 있습니다. 야외에서는 서 있거나 걷거나 이리저리 움직이며 무언가를 찾고, 재빨리 끄적거리고, 대부분의 시간을 동급생들과 떨어져 홀로 조용히 있게 됩니다. 아무도 다른 사람의 그림을 평가하지 않습니다. 중요한 것은 여러분이 얼마나 그림을 잘 그렸는지, 글을 잘 썼는지가 아니라 무엇을 관찰했는가 하는 점입니다.

나는 오랫동안 매우 다양한 환경에서 강의해왔지만, 사람들이 야외에서(혹은 실내에서 창밖의) 자연을 관찰하는 짧은 시간에 얼마나 몰두하고 호기심을 느끼고 행복해하는지 아직도 놀라곤 합니다. 인간이라면 누구나 즉각적이고 유쾌하며 강렬한 유대감을 갈망하게 마련이지요.

나는 학교에서 가르칠 때마다 선생님도 참여해달라고 요구합니다. 선생님은 학생들의 역할 모델이니까요. 수업에 참여한 선생님들도 학생들과 똑같이 자연 관찰과 배운 내용에 몰두합니다. 선생님이 그림을 못 그린다며 부끄러워하면 더욱 유쾌해집니다. 이번에는 선생님이 학생들의 처지가 된 셈이고, 학생들과 함께 선생님의 그림을 보면서 모두가 즐거워할 수 있지요. 실제로 학생들의 그림이 선생님의 그림보다 나은 경우가 많지만, 내가 수업에서 거듭 강조하듯이 그런 건 중요하지 않습니다. 선생님이 학생들과 함께 배우고 있다는 것이 중요하지요.

실내로 돌아갈 시간이 되자 어느 남자아이가 말했습니다.
"너무 재미있어요.
우리 점심 거르고 밖에 있으면 안 돼요?"

1988/10/16
뉴잉글랜드 안티오크대학교
N. H. 킨
11:05
18.3도
흐리고
이슬비 예보

학교 뒤꼍에서 듣다:
 귀뚜라미
 젖은 아스팔트 위로
 걸어가는 발소리
 버드나무 위의
  황금방울새(?)

(아버지의 임종이
 가까워져서
 모든 걸 잊고
 집중할 시간이
 절실했던 시기였다.)

윤곽선
그리기 중

캐스케이드 폴스의
잿빛 안개 속에서
그림을 그리는 학생들
4.4도
2pm
춥고 습한 날씨
다들 내가 그리는 것도 모를 정도로
집중해 있다!
11/18
애팔래치안 마운틴 클럽
뉴햄프셔주 핑컴 노치

｜자연 관찰 일기와 마음 챙김｜

자연 관찰 일기는 훌륭한 마음 챙김 연습이기도 합니다. 나이와 성별을 떠나서 누구나 야외에 나가 만사를 잊고 자연을 보고 기록하는 데만 집중하니까요. 어느 날 오후에 교사 30명과 함께 워크숍을 진행한 적이 있습니다. 학교 운동장에서 10분간 조용히 눈에 들어온 자연을 기록한 후 실내로 돌아와서 방금 전의 경험을 이야기하게 했습니다. 한 선생님이 눈물을 흘리시기에 왜 그러시느냐고 물어봤지요. 그분은 이렇게 대답했습니다. "지금까지 이렇게 오랫동안 가만히 귀 기울이고 바라보기만 해도 된다고 허락받은 적이 없었거든요."

아이들과 함께 시작하기

내 자연 관찰 일기 양식은 매우 단순해서 예닐곱 살 아이들도 쉽게 작성할 수 있습니다. 하지만 그보다 어린 유아나 유치원생에게는 다른 방식으로 가르칩니다. 밖에 나가서 자연을 관찰하고 기록하는 건 똑같지만, 자연의 색을 살펴보고 작은 종이에 크레파스나 색연필로 그리는 데 집중합니다. 귀를 기울이고 벌, 구름, 새, 도망치는 다람쥐를 지켜보기도 하지만, 선생님들이 따로 요청하지 않는 이상 메모는 하지 않습니다.

교실에 들어서면 첫째로 내가 찾아온 이유를 설명합니다. 우선 자연학자란 무엇을 하는 사람인지 이야기하지요(자연학자는 호기심이 많고 나무부터 바위, 구름 모양, 코요테에 이르기까지 세상 모든 것을 연구하는 사람입니다). 내가 찾아온 목적은 학생들이 더 나은 풀뿌리 자연학자가 되도록 돕는 것이며 그러려면 자연 관찰 일기를 작성하는 것이 가장 쉬운 출발점입니다. 주어진 시간이 45분이나 50분 정도밖에 안 된다면 5분 안에 설명을 마치고 바로 수업을 시작합니다.

뒤뜰의 토끼들

학생들에게 과학 관찰일지나 일기장이 없다면 흰색 A4 용지 두세 장을 클립보드에 끼워 연필과 함께 나눠줍니다. 고등학생이나 대학생쯤 되면 각자 선호하는 필기구가 있게 마련입니다. 고급 제품을 사용할 필요는 없습니다. 값비싼 필기구는 분실할 수도 있고, 학생들이 야외에서 어떤 그림 도구를 쓸지 고민할 이유도 없으니까요.

| 아이들도 다 알아요! |

교실에 들어서면 선생님이 "얘들은 버스로 등교해요. 야외에서 시간을 보내지도 않고요. 그러니 자기 동네의 자연을 알아보기 어렵죠"라고 말하곤 합니다. 하지만 내가 보기엔 절대 그렇지 않아요. 많은 아이들이 부모나 조부모와 함께 하이킹이나 캠핑을 떠납니다. 낚시나 사냥을 다니거나 정원 일을 돕는 아이들도 있어요. 여름방학이면 자연 캠프에 가는 아이들, 여전히 걸어서 등교하는 아이들도 있고요. 일단 아이들에게 무엇을 봤는지 말할 기회만 주면 다들 얼마나 많은 것을 알아보았는지 놀랄 겁니다.

다 함께 각자 책상 앞에 앉아서, 야외에서라면 땅바닥에 앉거나 서서 일기를 쓰기 시작합니다. 우선 다음 내용을 적습니다(67쪽도 참조하세요).

이름: (일기를 교사에게 제출하는 경우)

날짜: 일기에서 날짜가 왜 중요한지 토론해보세요.

시간: 낮과 밤의 다양한 시간대에 따라 동식물이 어떤 활동을 할지, 태양은 어디쯤 위치할지, 여러분이 있는 지역은 어떻게 변할지 토론해보세요. 해돋이와 해넘이 시간, 달의 위상도 기록합니다(선택 사항).

장소: 여러분이 있는 지역, 그곳의 지리, 발견할 수 있는 자연물(수선화, 개미, 단풍나무, 다람쥐 등 목록을 작성해도 좋습니다). 주 전체 지도를 그리고 해당 지역의 위치를 표시할 수도 있습니다.

날씨/바람/하늘: 지금 실내에 있다면 창밖으로 무엇이 보이나요? 야외에 있다면 가장 먼저 하늘을 작은 네모 칸 안에 그려봅니다. 풍향과 하늘 색, 구름 모양도 반영합니다. 하늘과 날씨의 변화를 관찰하고 그 이유도 추측해보세요. 관찰 기록을 시작하기 전에 잠시 무엇을 보고 듣고 찾게 될지, 주위 환경을 관찰할 때는 왜 조용히 해야 하는지 이야기 나눠봅시다. 가장 이해하기 쉬운 답변은 '자연의 소리를 듣기 위해서'일 겁니다. 그러고 나면 클립보드와 연필을 들고 야외로 나가거나, 이미 야외에 있다면 조용히 주변 환경에 주의를 기울입니다. 내가 거듭 확인한 사실이 있습니다. 특히 10대 청소년들과 교사들에게는 번잡한 하루 일과 중 잠시나마 말없이 보내는 시간의 정신적 안정 효과가 크다는 것입니다.

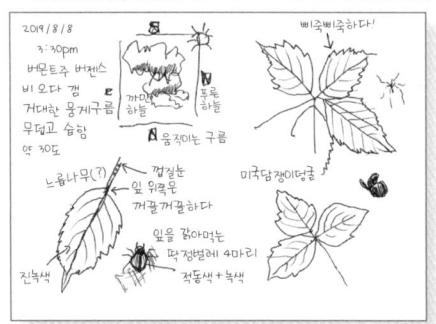

나는 이렇게 걸어 다니면서 끄적거린 그림을 '종이 위 발자국'이라고 부릅니다. 그림 보고 알아맞히기 놀이와 비슷하지요. 시간 여유가 있으면 같은 페이지에 더 자세한 그림을 따로 그려도 좋습니다.

● 야외 기록

내가 제안하는 일기 작성 양식은 유연한 만큼 시대를 초월합니다. 학생들에게 주위를 관찰하고 메모하고 스케치하게 할 때 권장하는 방법을 알려드리겠습니다. 야외에서 보내는 시간은 일행과 목적에 따라 30분에서 몇 시간, 혹은 며칠까지 다양할 수 있습니다.

- 귀에 들리는 세 가지 소리와 눈에 보이는 세 가지 색에 주목하세요.
- 지면, 허리 높이, 머리 위에서 식물이나 기타 자연물을 찾아보세요.
- 머리 위로 날아가는 새를 포착해 그려보세요! 진흙탕에 찍혀 있는 흥미로운 발자국을 찾아 그려보세요.

나는 이런 시간을 보물찾기라고 부릅니다. 자연의 흔적이나 단서를 찾아 나선 셜록 홈스가 되는 거지요. 여우 발자국, 시끄러운 까마귀, 놀라운 해넘이 풍경을 그림으로 남기면 그것을 봤다는 증거가 된다고 알려주면서 변호사의 역할에 관해 이야기합니다. 카메라나 멋진 디지털 장비가 없었던 옛날에 발견한 것을 그림일기로 기록한 탐험가들 이야기도 들려줍니다. 고학년 학생들과 함께할 때는 기후 변화의 미세한 증거를 포착하는 자연 관찰 일기의 역할, 지구를 염려하는 시민 과학자가 되는 법, 생물 계절학 기록의 중요성을 논의합니다.

야외 활동이 끝나고 시간이 남으면 조용한 장소에 모여 그날의 인상과 느낌, 배운 내용을 차분히 적어봅니다. 목록이나 짤막한 시, 산문 등 어떤 형식이든 좋습니다. 종종 반 친구들 앞에서 자신의 글을 읽고 싶어 하는 학생도 있습니다. 모두가 흥미롭게 귀 기울이고 이야기 나눌 수 있는 시간입니다.

4학년 학생들이 운동장에 나와서 돌아다니며 신나게 관찰에 열중해 있었습니다.
그런 아이들을 내 곁에서 지켜보던 선생님이 말했습니다.
"어떻게 기쁨에 점수를 매길 수 있겠어요?"

날씨가 화창한 6월 6일 오전 11시 30분,
케임브리지 린네 스트리트에서 스케치했습니다.

나이를 떠나서 즐기는 자연 관찰 일기

앞에서도 언급했듯이 너무 어린 아이들은 자연 관찰 일기에 시큰둥할 수 있습니다. 마음대로 놀거나 낙서하기를 선호할 테니까요. 홈스쿨링을 하는 부모라면 아이와 함께 자연 관찰 일기를 작성하는 편이 효과적입니다. 계절에 따른 뒤뜰의 변화를 추적하거나, 가족 여행에서 관찰한 내용을 적어보거나, 어른과 아이가 같은 페이지에 나란히 그림을 그릴 수도 있습니다(나도 각각 다섯 살, 여덟 살 난 손녀들과 자주 그렇게 합니다). 아이들이 그림 그리기를 싫어한다면 그냥 함께 탐험하고 귀 기울이고 관찰하세요. 다 같이 그날 발견한 것들을 적으면서 시간과 날씨, 기분도 기록하세요.

나는 교사나 학부모 워크숍에서 나갈 때마다 이렇게 이야기합니다. 자녀나 학생들에게 해줄 수 있는 가장 좋은 일은 같이 야외에 나가는 것이라고요. 아이들과 함께 탐구하고 질문해보고 기록하세요. 새, 꽃, 버섯의 이름은 몰라도 됩니다. 나중에 같이 조사해보면 되니까요.

청소년이나 어른에게는 자연사의 더 복잡한 개념과 관점을 소개할 수 있습니다. 몇 가지 간단한 그림 기법도 맛보기로 알려줍니다(3장 참조).

그림을 잘 그리는 학생이 자신의 실력을 자랑하고 싶어 할 수도 있고, 그림 그리기를 정말로 싫어하는 학생도 있을 수 있습니다. 자연 관찰 일기에 필요한 그림은 무엇을 그렸는지 알아맞힐 수 있는 낙서 정도면 충분하다는 점을 강조하세요(시범을 보여줄 때는 일부러 최대한 간단히 그려서 학생들도 바로 따라 그릴 수 있음을 알려줍니다). 장기간 진행되는 수업일수록 학생들도 자신감을 얻고 관찰력이 발달하여 더 잘 그리게 됩니다.

나는 항상 내가 60년도 넘게 그림을 그려왔다는 걸 말해줍니다. 그러니 당연히 잘 그려야겠지요! 스케이트보드나 윈드서핑, 뜨개질과 마찬가지로 그림도 숙달되려면 시간이 걸립니다. 다만 자신의 그림이나 남의 그림을 비웃어서는 안 됩니다. 교육자로서 나는 학생이 노력하는 한 아무리 무의미해 보이는 낙서라도 응원해주려 합니다.

> 만약 내가 모든 아이들을 보살피는 요정에게 소원을 말할 수 있다면, 이 세상에 태어난 아이 하나하나에게 평생 사라지지 않을 불멸의 경이감을 선사해달라고 부탁할 것이다.
>
> 레이첼 카슨
> 《센스 오브 원더》

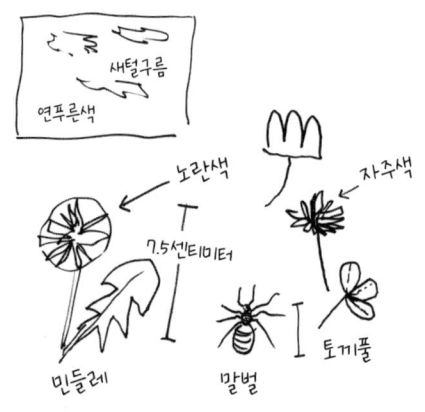

실내 수업에서는 3장에서 설명한 기초 그리기 연습을 꾸준히 해보라고 거듭 강조합니다. 자연 도감이나 사진, 자연물(꽃, 나뭇잎, 도토리를 비롯한 견과류, 양치류 등)을 학습 자료로 활용할 수 있습니다. 특히 안 보고 윤곽선 그리기(70쪽)를 결과물에 구애받지 말고 마음 편히 즐겨보길 추천합니다.

여러 사람 앞에서 시범을 보일 때면 이젤에 큰 종이를 얹고 그리거나 거꾸로 또는 독특한 각도로 그리곤 합니다. 내가 보여주는 그림은 간단하고 재미있게 따라 할 수 있습니다.

자연 관찰 일기를 가르치는 요령

- 이 활동을 하는 이유를 명확히 설명하세요. 학생들에게 자연 관찰 일기는 보통 일기와는 다르다는 점을 상기시켜주세요. 보통 일기에는 남들에게 밝히지 않을 수도 있는 개인적인 관찰과 생각을 적지만 자연 관찰 일기에는 자연에 관한 관찰과 생각을 기록합니다. 내가 이 책에 보여드린 자연 관찰 일기에는 가족과 친구, 정치, 사회, 환경 문제에 관해서도 어느 정도 적혀 있습니다만, 사적이거나 내밀한 내용은 아닙니다.
- 항상 학생들과 함께하세요. 함께 실수하고 함께 배우세요. 나는 내가 쓰는 일기장을 보여주며 다양한 방법을 제시하곤 합니다. 이 책에서도 그랬듯이 말이지요.
- 일기를 예쁘게 꾸미는 데 몰두하느라 자연과의 연결을 놓치지 마세요. 나는 레이아웃, 디자인, 글씨체, 스크랩 스타일, 심지어 글과 그림의 비율에도 별로 신경 쓰지 않습니다.
- 여러분이 존경하는 자연 예술가들의 작품을 참고하세요. 자연에 관한 책을 읽으세요(211쪽의 '추천 도서와 자료' 참조).
- 학생들에게 차를 타고 이동할 때도 일기장을 곁에 두라고 권하세요. 몇 분 거리를 가더라도 항상 흥미로운 것을 그릴 준비를 하세요. 실내에서도 계속 밖을 내다보면서 지금 자연에서는 어떤 일이 일어나고 있을지 생각해보세요.

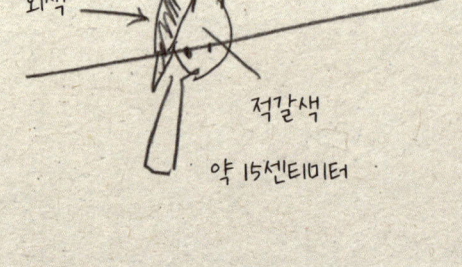
회색
적갈색
약 15센티미터

야외에서 모르는 것의 정체를 조사하느라 시간을 낭비하지 마세요. 특징을 메모해두었다가 나중에 자연 도감에서 찾아보면 됩니다.

우리는 모나드녹산으로 하이킹을 간다. 거기서 둘러앉아 서로의 글에 귀를 기울인다.
토요일 밤 9pm

하늘 바라보기

학교 수업의 일환으로 진행한 자연 관찰 일기 쓰기의 모범 사례로, 1980년대에 잭 보든이 시작하여 지금까지 진행 중인 '드넓은 하늘을 위하여(For Spacious Skies)'가 있습니다. 엘리자베스 리바이탄 스페이드는 1994년 〈크리스천 사이언스 모니터〉에 이 프로그램을 소개했습니다.

흐린 봄날입니다. 매사추세츠주 니덤의 미첼 초등학교에서 일레인 머사이어스 선생님이 가르치는 5학년 아이들이 의자, 메모장, 펜을 들고 교실을 나섭니다. 아이들은 잔디밭 여기저기 흩어져 의자를 내려놓고 앉습니다. 꼭 초원 군데군데 피어난 야생화 같습니다. 어느새 다들 수다를 멈추고 하늘을 올려다봅니다. 본 것을 '하늘 일기'에 적는 의식이 시작됩니다. 침묵 속에서 15~20분을 보낸 후, 아이들은 교실로 돌아와 그동안 쓴 시와 산문을 공유합니다.

"구름은 침대에 깔린 하얀 시트 같아요." 멜리사 볼프가 말합니다. "시트에는 회색 얼룩이 있고요. 회색 구름이 사라지면 새로 빨아낸 시트가 되죠."

"하늘은 아무도 움직이지 않고 생명이라곤 찾아볼 수 없는 잿빛 경기장 같다"고 적은 아이도 있습니다.

이 아이들에게 하늘을 올려다보는 것은 필수 교육과정에 해당합니다. 과학적인 구름 도표를 만들거나, 문학 작품에서 하늘에 관한 내용을 찾거나, 반 고흐와 모네 그림 속의 하늘을 관찰하는 등 거의 모든 활동과 수업에 하늘이 녹아들어 있습니다.

지난 10년간 하늘을 수업에 통합해온 머사이어스 선생님은 이 특별한 글쓰기 연습을 통해 "학생들이 홀로 깊이 성찰하며 고요한 시간을 보낼 수 있다"고 말합니다.

하버드 대학교 교육대학원 연구자들은 1985년과 1986년 니덤 지역의 초등학생 중 '드넓은 하늘을 위하여' 프로그램에 참여한 학생과 그렇지 않은 학생을 비교 연구했습니다. 연구 결과 프로그램에 참여한 학생들의 음악 감상 능력이 37퍼센트, 문학 독해력은 13퍼센트, 시각 예술 표현력은 5퍼센트 더 높았습니다.

교과목에 따른 자연 관찰 일기 활용

나와 동료들은 미국 전역의 학교에서 자연 관찰 일기를 가르칩니다. 따라서 국가 표준 및 융합 교육과정에 부합하는 것이 얼마나 중요한지 잘 압니다. 자연 관찰 일기는 실제로 이 조건을 충족합니다! 매사추세츠주 반스터블의 교사 수전 스트랜츠는 자연 관찰 일기가 어느 학교의 교육과정에든 적합하다는 것을 보여주기 위해 이 표를 만들었습니다. 여러분이 직접 표를 만들어볼 수도 있습니다.

지구 과학
- 식물
- 곤충
- 새
- 기타 동물
- 교목과 관목
- 서식지와 계절
- 날씨
- 관찰
- 식별
- 측량
- 비교
- 목록 작성

사회
- 지역사
- 자연과 인간 사회
- 환경 보건사
- 지도 제작

체육
- 걷기와 탐험
- 야외 활동
- 하이킹

문학과 어학
- 쓰기: 시, 산문, 픽션, 논픽션
- 말하기: 설명, 문제 해결, 의사소통
- 듣기: 집단 의사소통과 토론, 구두 학습

자연 관찰 일기

수학
- 측정
- 표와 그래프
- 지도 제작
- 계산

미술
- 손과 눈의 협응
- 자신감과 의사소통 능력
- 협동 작품 제작
- 사실 재현/상상 묘사
- 다양한 미술 표현 방식
- 지도 제작

학습 방식

교사들은 학생들이 자기만의 자연 관찰 일기를 작성하고 보관하는 것을 매우 중요하게 생각합니다. 자연 관찰은 앞에서 살펴보았듯 다양한 교과목과 연계될 뿐만 아니라 학습 방식에서도 유연할 수 있습니다. 자연 관찰 일기는 유인물이나 문제지가 아니라 아이들 각자의 학습장입니다. 예쁘게 그렸는지, 글을 길게 썼는지가 아니라 무엇을 배웠는지에 따라 평가해야 합니다. 나는 자연 관찰 일기를 너무 좋아해서 아침마다 책상에서 일기장부터 꺼내는 학생을 본 적이 있습니다. 자연 관찰 일기는 틀에 박히지 않고 자유로우며 학부모들이 가장 즐겁게 읽어보는 과제이기도 합니다. 그림과 글 때문이기도 하지만, 무엇보다도 시간의 흐름에 따라 아이가 새로운 것을 배워가는 과정이 드러나기 때문입니다.

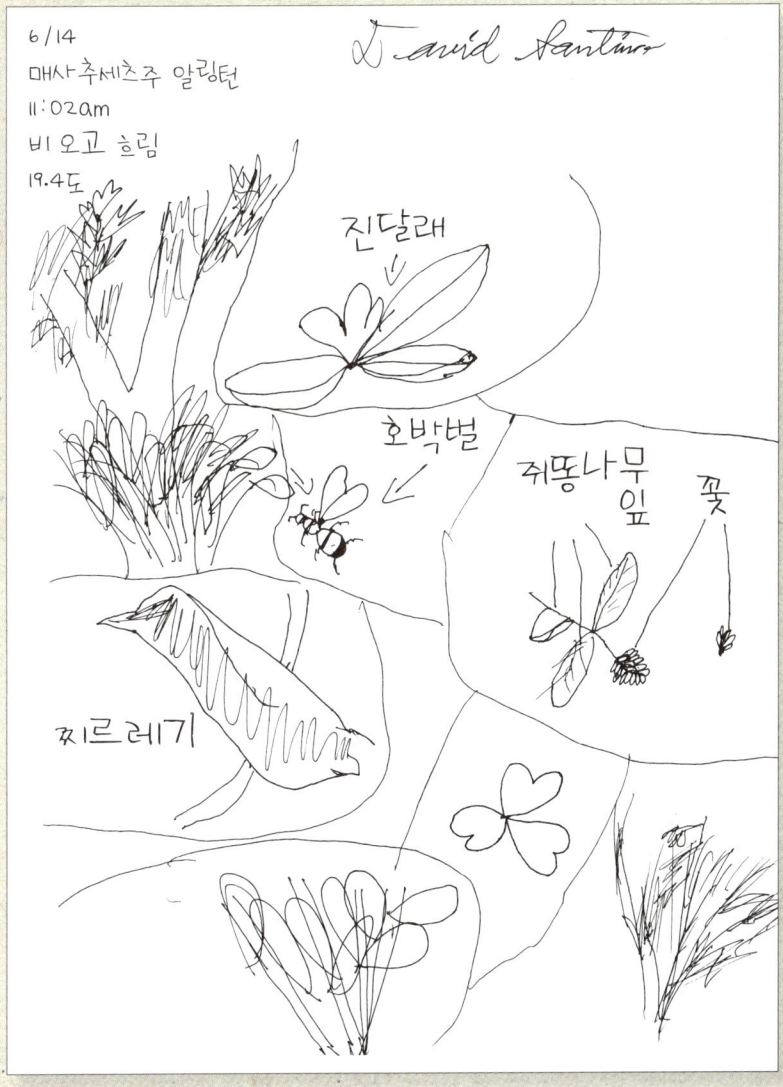

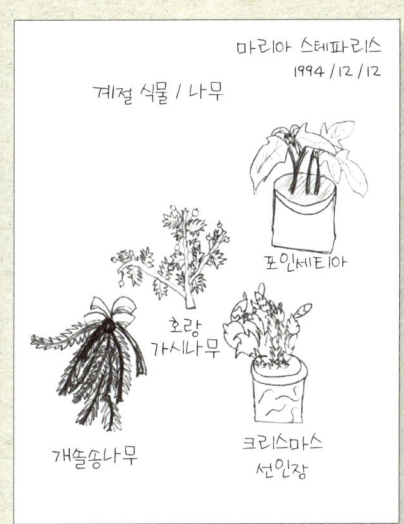

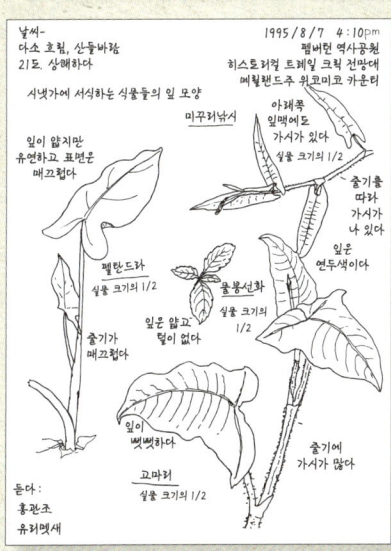

학습과 성찰 유도

청소년들은 기후 변화 문제가 심각해지고 있다는 걸 잘 압니다. 걱정하다 못해 초조하고 불안해하는 아이들도 있습니다. 교사와 멘토 등의 어른들이 국가와 세계 차원의 건설적인 활동, 연구, 관련 인물들을 알려줄 필요가 있습니다. 걱정하는 것은 괜찮습니다. 개인이 할 수 있는 일을 찾아보는 것도 바람직하고 유익합니다. 제인 구달 연구소의 '뿌리와 새싹' 프로그램은 어린이와 청소년 대상이지만 누구나 실천할 수 있는 행동 지침이기도 합니다. 일단은 플라스틱 빨대를 종이 빨대로 바꾸고, 길거리의 쓰레기를 줍고, 새 모이통을 설치하고, 전국 행사인 크리스마스 버드 카운트(해마다 오듀본 협회에서 주최하는 개체 수 조사로, 조류 관찰 애호가들이 자원봉사자로 참여한다—옮긴이)에 참여해봅시다.

학생들은 자연 관찰 일기를 쓰면서 자연에 관해서뿐만 아니라 환경 보호에 적극적으로 참여하는 방법도 배웁니다. 점점 더 많은 학생들이 자연 센터, 탐조 모임, 청소년 자연보호 단체에 가입하고, 정부 관계자에게 편지를 쓰고, 기후 행진에 참여하면서 스스로 지구의 미래를 위해 목소리를 낼 수 있음을 깨닫는 중입니다.

자연 관찰 일기를 수업에 접목할 방법 몇 가지를 소개합니다.

특별한 장소: 학생들이 꾸준히 찾아가서 자연을 관찰하고 내면을 성찰할 장소를 찾아보게 하세요. 가까운 공원이나 학교 운동장 구석, 큰 바위 위나 뒤뜰 나무 아래, 아니면 침실이나 부엌 창밖 풍경이라도 좋습니다.

글쓰기: 특정 동식물이나 야외 공간에 관한 보고서를 쓸 수 있습니다. 야외에서 보낸 시간이나 특정 경험을 다룬 에세이도 좋습니다. 시, 하이쿠, 심지어 노랫말도 가능합니다.

미술: 학생들이 동식물을 소재로 그림, 벽화, 점토 모형이나 조각을 제작해보게 하세요. 자연 도감과 사진을 참고하여 최대한 정확하게 묘사하라고 요청합니다. 학교에 따라서는 조별 과제로 해당 지역의 자연 도감을 제작하기도 합니다. 지역 미술관을 둘러보며 자연에서 영감을 받은 과거와 현재의 예술가들에 관해 이야기할 수도 있겠지요.

과학: 학생들이 기록한 관찰 내용과 질문을 바탕으로 과학 연구 과제를 수행할 수 있습니다. 지역 과학자와 자연학자, 산림 관리관, 부모님의 도움을 받아도 좋습니다.

역사: 여러분이 사는 지역의 자연사와 사회사를 알아보세요. 이 땅이 개발되기 전에는 무엇이 있었나요? 동네 지도를 그리고 상업 지역과 주거 지역, 학교와 교회, 도로, 녹지를 표시하세요. 개발 공간과 녹지의 비율은 얼마나 되나요?

수학: 측정 및 매핑 기술을 활용해 수학과 역사 교과를 연결시킬 수 있습니다. 예를 들어 학생들에게 학교나 동네의 재생 가능 에너지와 재생 불능 에너지 사용량 비교 등 환경 영향 평가 데이터를 수집하게 할 수 있습니다.

음악: 인터넷이나 애플리케이션, CD를 통해 자연의 소리를 찾을 수 있습니다. 코넬 대학교 조류학 연구소 웹사이트에는 새, 양서류, 심지어 곤충 관련 방대한 음원 라이브러리가 있습니다. 학생들이 바람, 파도, 천둥, 새, 사슴의 콧소리, 눈보라 등 마음에 드는 소리를 설명하고 이를 활용하여 자신만의 음원을 만들어보게 하세요.

건강과 웰빙: 많은 학생들이 불안과 우울증에 시달립니다. 과학자와 학부모, 상담 교사들은 아이들이 밖에 나가 바람을 쐬면 생기가 돈다고 말합니다(물론 어른에게도 같은 효과가 있습니다). 고등학교 보건 교사인 내 제자는 종종 학생들을 야외로 데리고 나가서 요가를 하는데 그만큼 좋은 수업이 또 없다고 합니다. 이제는 많은 학교에 명상과 마음챙김 수업이 개설되어 있습니다. 학생들을 밖에 데리고 나가 조용히 걷게 하세요. 가만히 서서 심호흡하며 귀 기울이게 하세요. 실내로 돌아와서 혹은 야외에 머물며 느낌과 감정을 일기에 기록하게 하세요.

> 여러분이 지구의 고통을 함께 느끼지 않으면 그 고통을 치유할 수 없습니다. 여러분이 지구의 기쁨을 함께 느끼지 않으면 그 기쁨도 나눌 수 없습니다.
>
> 조애나 메이시
> 만물 협의회 워크숍(1990)에서

| 갈무리 페이지 작성하기 |

이 책의 공동 저자였던 척 로스는 학생들이 1, 2주마다 그간의 자연 관찰 일기를 검토하고 듣고 보고 배운 내용 중 가장 중요해 보이는 것을 정리할 수 있도록 다음 양식을 제시했습니다. 학생들은 산문, 시, 정밀 묘사 등으로 자신의 경험을 요약하고 생각을 표현할 수 있습니다.

갈무리하기

그간 작성한 자연 관찰 일기를 읽어보세요. 다음 질문들을 살펴보고 그에 관한 생각을 글로 쓰거나 그림으로 그려보세요.

이 기간에 관찰하고 일기에 기록한 가장 흥미로운 내용은 무엇인가요?

일기를 작성하면서 깨달은 중요한 내용은 무엇인가요?

다음 갈무리까지 일기에서 어떤 부분을 보강하고 싶은가요?

내가 관찰하고 생각한 내용 중 가장 남들과 공유하고 싶은 것은 무엇인가요?

_____ 의 일기 중에서

날짜_____ 시각_____

위치_____

온도_____ 습도_____

기압_____

구름 양 _____

활동 과제: 주위에서 변화 중인 사물이나 현상을 찾아보세요. 어떤 것인지 묘사하고 어떻게 변하고 있는지 설명하세요.

추천 도서와 자료

내가 처음 자연 관찰 일기에 관심이 생겼을 때는 자연 도감이나 쌍안경을 어떻게 쓰는지도 몰랐습니다. 하지만 나를 가르쳐줄 사람들을 찾았고, 과학자와 자연학자뿐만 아니라 시인과 예술가들이 쓴 책으로 자연에 관해 읽고 또 읽었습니다. 다음 목록은 내가 그간 참고해온 자료의 일부에 불과합니다. 그 밖에도 많은 자료가 있으니 이 목록을 출발점 삼아 여러분만의 탐험 여행을 떠날 수 있길 바랍니다!

● 자연 도감

자연 도감은 오래된 판본도 사용할 수 있지만 꾸준히 개정판이 나오고 있습니다. 피터슨(Peterson), 전미 오듀본 협회, 골든(Golden), 내셔널 지오그래픽, 스토크스(Stokes)의 자연 도감이 유명하지만 이제는 더욱 다양한 종류가 나와 있습니다. 사진이나 그림이 수록된 도감도 있습니다. 나는 자연 도감을 강의뿐만 아니라 그림의 참고 자료로 애용하기 때문에 모든 외적 특징이(측면 기준으로) 정확히 묘사되고 식별되어 있으며 지역에 따른 차이도 설명된 것을 고릅니다.

새, 민꽃식물, 곤충, 양서류, 날씨, 지질, 포유류, 담수 및 해수 생물 등 특정한 관심 분야나 지역을 다룬 도감을 찾아보세요. 자연 센터에 가면 해당 지역에 관해 참고할 만한 도감을 추천받을 수 있습니다(물론 이제는 공신력 있고 선명한 사진과 동영상, 정확한 정보를 갖춘 여러 웹사이트에서도 많은 것을 배울 수 있습니다. 추천 웹사이트는 216쪽을 참조하세요).

● 자연 학습 전반

도서관이나 동네 서점의 자연 및 과학 서가는 관련 저자와 자료를 조사하기 좋은 장소입니다. 자연을 다룬 어린이 책은 훌륭한 입문서가 됩니다. 오래된 절판도서는 중고서점이나 인터넷에서 찾아보세요.

Anderson, Lorraine, and Thomas Edwards. *At Home on This Earth: Two Centuries of U.S. Women's Nature Writing.* University of New England Press, 2000.

Bonta, Marcia Myers. *Women in the Field: America's Pioneering Women Naturalists.* Texas A&M University, 1991.

Cavalier, Darlene, Catherine Hoffman, and Caren Cooper. *The Field Guide to Citizen Science: How You Can Contribute to Scientific Research and Make a Difference.* Timber Press, 2020.

Cherry, Lynn. *How We Know What We Know about Our Changing Climate: Scientists and Kids Explore Global Warming.* Dawn Publications, 2008. (《과학자와 어린이가 함께 파헤치는 지구 온난화》, 두레아이들, 2009)

Finch, Robert, and John Elder. *Norton Book of Nature Writing.* Norton, 1990.

Hannibal, Mary Ellen. *Citizen Scientist.* The Experiment, 2017.

Kaufman, Kenn. *A Season on the Wind.* Houghton Mifflin, 2019.

Lanham, J. Drew. *The Home Place: Memoirs of a Colored Man's Love Affair with Nature.* Milkweed Editions, 2017.

Lorenz, Konrad. *King Solomon's Ring.* Thomas Crowell, 1952. (《솔로몬의 반지》, 사이언스북스, 2000)

National Audubon Society. *The Practical Naturalist.* DK Publishing, 2010.

National Geographic Society. *The Curious Naturalist.* National Geographic, 1991.

The Old Farmer's Almanac. Yankee Publishing, Inc. 이 소형 간행물은 매년 인쇄됩니다(헛간에 걸 수 있게 구멍이 뚫려 있습니다!). 나는 가방에 넣고 다니며 해돋이와 해넘이 시간, 달의 위상뿐만 아니라 흥미로운 자연 정보를 참고합니다.

Reader's Digest Association. *Joy of Nature: How to Observe and Appreciate the Great Outdoors.* Random House, 1977.

Roberts, Elizabeth, and Elias Amidon, eds. *Earth Prayers.* HarperCollins, 1991.

Savoy, Lauret. *Trace: Memory, History, Race, and the American Landscape.* Counterpoint, 2016

Tallamy, Doug. *Bringing Nature Home.* Timber Press, 2009.

_____. *Nature's Best Hope.* Timber Press, 2020.

Teale, Edwin Way. *A Walk Through the Year.* Dodd, Mead, 1987.

Williams, Brian, et al. *The Visual Encyclopedia of Science.* Kingfisher, 1994.

• 알아두면 좋은 자연 작가

훌륭한 자연 시와 산문을 쓴 인물을 모두 열거하려면 따로 책 한 권을 써야 할 겁니다. 수백 년 전 작가부터 여러분에게 이미 익숙할 작가, 자연 관찰에 좋은 동행이 되어줄 작가까지 몇 사람만 적어보겠습니다.

에드워드 애비
제니퍼 애커먼
웬델 베리
헨리 보스턴
샐리 캐리거
레이철 카슨
앤 호손 드밍
에밀리 디킨슨
애니 딜러드
제럴드 더럴
존 엘더
로버트 핀치
로버트 프로스트
제인 구달
틱낫한
라이안다 린 하우프트
베른트 하인리히
로빈 월 키머러

J. 드루 랜엄
알도 레오폴드
리처드 루브
헬렌 맥도널드
존 핸슨 미첼
사이 몽고메리
존 뮤어
메리 올리버
로버트 마이클 파일
칼 사피나
헨리 데이비드 소로
데이비드 윌리스-웰스
스콧 와이덴솔
월트 휘트먼
E. O. 윌슨
페터 볼레벤
앤 헤이먼드 즈윙거

● 자연 그리기 기법

알차고 저렴한 드로잉 입문서는 미술용품점이나 일부 문구점 및 서점에서 찾을 수 있습니다. 하지만 자연 그리기에 특화된 책은 드문 편입니다.

자연 관찰 일기를 쓰는 사람들은 대부분 독학으로 배웁니다. 꾸준히 연습하고 뛰어난 자연 도감 삽화를 따라 그리며 다른 자연 예술가들의 작품도 연구하기를 권합니다. 물론 미켈란젤로, 드가, 앵그르, 호머, 와이어스 등 새, 식물, 풍경, 하늘을 그린 거장들에게 배우는 것보다 더 좋은 방법도 없겠지요.

Adams, Norman, and Joe Singer. *Drawing Animals.* Watson-Guptill, 1979.

Amberlyn, J. C. *The Artist's Guide to Drawing Animals.* Watson-Guptill, 2012.

Borgeson, Bet. *The Colored Pencil.* Watson-Guptill, 1983.

Busby, John. *Drawing Birds.* Gardners Books, 2004.

Johnson, Cathy. *The Sierra Club Guide to Sketching in Nature.* The Sierra Club, 1997.

Laws, John Muir. *The Laws Guide to Nature Drawing and Journaling.* Heyday Publishing, 2017.

_____. *How to Teach Nature Journaling: Curiosity, Wonder, Attention.* Heyday Publishing, 2020.

Leslie, Clare Walker. *The Art of Field Sketching.* Kendall Hunt, 1995.

_____. *Nature Drawing: A Tool for Learning.* Kendall Hunt, 1980.

Scheinberger, Felix. *Dare to Sketch: A Guide to Drawing on the Go.* Watson-Guptill, 2018.

Simo, Juan Varela. *Sketching and Illustrating Birds.* Barron's, 2015.

- 삽화가 있는 자연 관찰 일기

오래된(혹은 20세기 이전의) 자연 일러스트 에세이집은 구하기 어렵지만 중고 서점이나 인터넷에서 찾아볼 가치가 있습니다. 다음 목록 외에도 키스 브로키, 군나르 브루세비스, 존 버스비, 에릭 이니언, 메이리 헤더윅, 캐시 존슨, 라스 욘손, 존 뮤어 로스, 수 르윙턴, 린 포르트블릿, 비어트릭스 포터의 책을 추천합니다. 유럽 자연예술가재단 회원들의 저서도 찾아보세요.

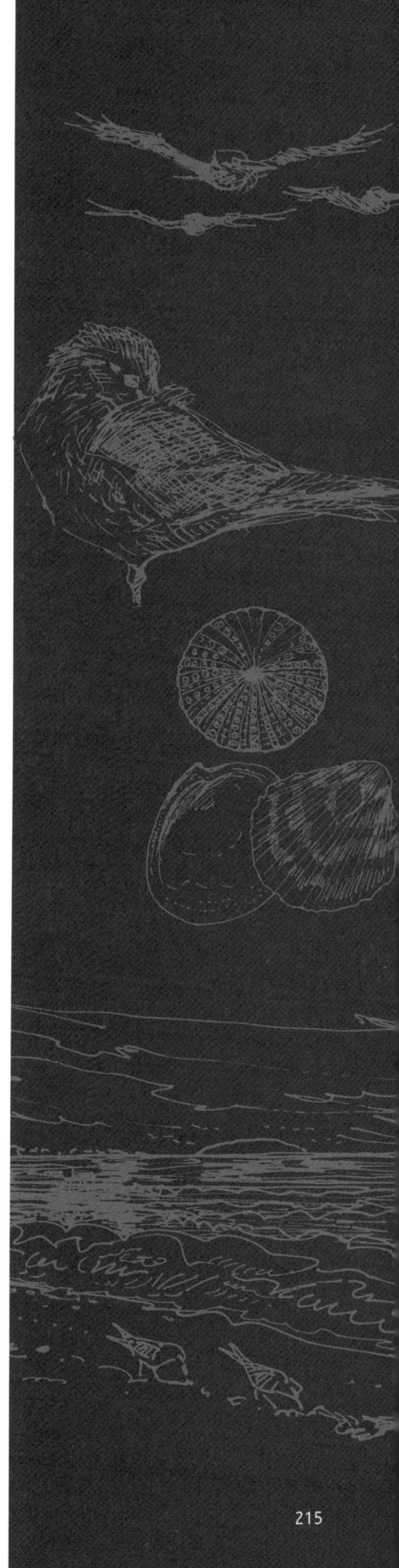

Canfield, Michael. *Field Notes on Science and Nature.* Harvard University Press, 2011. (《훔쳐보고 싶은 과학자의 노트》, 휴머니스트, 2020)

Foster, Muriel. *Muriel Foster's Fishing Diary.* Viking Press, 1980.

Hedderwick, Mairi. *Highland Journey: A Sketching Tour of Scotland.* Canongate Press, 1992.

Hinchman, Hannah. *A Life in Hand.* Salt Lake City: Peregrine Smith Books, 1991.

_____. *A Trail through Leaves: The Journal as a Path to Place.* W. W. Norton, 1997.

Holden, Edith. *The Country Diary of an Edwardian Lady.* Holt, Rinehart, and Winston, 1977. (《컨트리 다이어리: 이디스 홀든의 수채화 자연 관찰 일기》, 키라북스, 2019)

Leslie, Clare Walker. *A Year in Nature: A Memoir of Solace.* Green Writers Press, 2020.

Lewis-Jones, Huw, and Kari Herbert. *Explorer's Sketchbooks.* Chronicle Books, 2016. (《탐험가의 스케치북: 발견과 모험의 예술》, 미술문화, 2022)

Wheelwright, Nathaniel T., and Bernd Heinrich. *The Naturalist's Notebook.* Storey Publishing, 2017.

Zickefoose, Julie. *Baby Birds: An Artist Looks into the Nest.* Houghton Mifflin, 2016.

_____. *Letters from Eden.* Houghton Mifflin, 2006.

● 자연 단체와 웹사이트

다음 목록은 자연을 보호하고 연구하는 여러 훌륭한 단체 중 일부에 불과합니다. 이들 상당수가 좋은 글과 훌륭한 사진이 가득한 잡지 및 정기 간행물을 온라인 혹은 오프라인으로 발행하고 있습니다.

여기 소개한 전국 규모의 단체 외에도 찾아가 배울 수 있는 곳이 많습니다. 여러분이 사는 지역의 자연 센터, 공원, 자연사 박물관, 수목원, 천문대 등을 찾아보세요. 인터넷에서 '자연 관찰 일기'로 검색하면 수많은 웹사이트가 나올 겁니다.

미국 자연사 박물관
www.amnh.org

미국 과학 일러스트레이터 길드
www.gnsi.org

애팔래치아 마운틴 클럽
www.outdoors.org

제인 구달 연구소
www.janegoodall.org

어린이 자연 네트워크
www.childrenandnature.org

전미 오듀본 협회
www.audubon.org

시민 과학
www.citizenscience.gov

내셔널 지오그래픽 협회
www.nationalgeographic.com

코넬 조류학 연구소
www.birds.cornell.edu/home

미국 국립공원 및 자연 보호구역 연합
www.npca.org

가족 자연 회담
www.familynaturesummits.org

오리온 소사이어티
www.orionmagazine.org

드넓은 하늘을 위하여
www.forspaciousskies.net

시에라 클럽
www.sierraclub.org

3pm 덕스버리
하이파인즈 해변

2007/9/13

찾아보기

블랙베리

민트밤
← 쌉쌀한 냄새

싯카가문비나무
약 18미터

싯카가문비나무 열매
7.6센티미터

ㄱ

갈라파고스 제도 Galapagos Islands 39
갈무리 페이지 210
개 그리기 164-165
개구리 그리기 172, 174
갬블, 앤 Gamble, Anne 39
거미 그리기 181
거북이 그리기 173
계절 노트 seasonal notes
    곤충과 무척추동물 182-183
    나무 150-151
    동물 174-175
    새 162-163
    식물 140-141
계절 변화
    계절이 있는 이유 128
    관찰/기록 주제 108-109
    추적하기 126-127
고양이 그리기
    반려동물로 연습하기 165
    윤곽 70
    크로키 167
곤충과 무척추동물
    거미 그리기 181
    계절 노트 182-183
    곤충 그리기 176
    곤충 오케스트라 180
    곤충의 필요성 179
    그 밖의 무척추 동물 그리기 177
    나비 연구 178-179
    딱정벌레 그리기 176
과학
    '드넓은 하늘을 위하여' 프로젝트 205
    시민 과학, 19, 44, 55, 106
    지구 과학 교과 206
    학교의 과학 프로젝트로서 자연 관찰 일기 쓰기 198, 209
과학적
    드로잉 18
    연구에 도움이 되는 기록 45
관찰
    갈무리 페이지 210
    계절에 따른 관찰 주제 108-109
    과학 연구 45
    관찰하는 법 배우기 40-41
    글로 표현하기 50
    기록 양식 67
    느리게 보낼 시간 만들기 25
    보이는 대로 그리기 51
    연습 42
    완전히 몰입하기 92
교사
    과학 및 환경 교사 40
    머사이어스, 일레인 Messias, Elaine 205
    스트랜츠, 수전 Stranz, Susan 206
    시저, 론 Cisar, Ron 42
    제이 선생님 Jay, Mrs. 77
교육과정과의 연계 194, 206
구달, 제인 Goodall, Jane 21, 208, 213, 216
구름 129
    10가지 주요 형태 131
    '드넓은 하늘을 위하여' 프로젝트 205
    패턴과 하늘 색 관찰하기 67
귀뚜라미 그리기 180
그리기 연습
    도식화 그리기 73
    보면서 윤곽선 그리기 71
    안 보고 윤곽선 그리기 70
    완성본 그리기 74

크로키 72
그리기에서의 원근법 80-83, 184
   풍경에서 거리감 표현하기 184, 186-187
그림에 대한 두려움 극복하기 76-77
글로 표현하기 50
기후
   글로벌 기후 경보 19, 126-127
   변화 지표 기록 44
   시민 과학자 19, 44, 55, 106
   학생 교육 200, 208
꽃
   개화 관찰 44
   계절별 관찰 109, 140-141, 151
   그리는 법 134-135
   야생화와 잡초 138-139
   채색하기 84-86

ㄴ

나무. '나뭇잎' 항목 참조
   계절별 관찰 109, 150-151
   낙엽수 그리기 146-147
   대략적 형태 파악하기 149
   상록수 그리기 148
   세부 연구하기 124
   잎 그리기 142-143
   잎눈이 돋는 시기 44
나뭇잎. '나무' 항목 참조
   그리는 법 79, 142-143
   모양과 색 124, 144-145
   형태 149
나비 연구 178-179
   제왕나비 monarchs 141, 179, 182
날씨 weather
   계절별 관찰 44, 109, 126
   구름 모양 131
   기후 변화 127
   매일 기록하기 64, 67, 95
   지구 과학 교과 206
   패턴 파악하기 19, 22

늑대 그리기 164, 169

ㄷ

다람쥐, 새 모이통의 51
다람쥐/청설모 그리기 164, 170-171
다브로스카, 캐런 D'Abrosca, Karen 113
다빈치, 레오나르도 da Vinci, Leonardo 18, 21, 186
다윈, 찰스 Darwin, Charles 21, 69
단축법으로 자연물 그리기 80
달
   달의 모양 변화 130
   위상 관찰 19, 95, 199
   달걀 프라이 128
도구
   색연필 63
   수정액 133, 188
   스케치북 56, 58
   짐 꾸리기 59
   펜과 연필 59-61
도마뱀 그리기 173
도시 속 자연 103-104, 138-139
도식화 그리기 diagrammatic drawing 73
두꺼비 그리기 172
'드넓은 하늘을 위하여' 프로젝트 Spacious Skies project 205
딜러드, 애니 Dillard, Annie, 106, 213
딱정벌레 그리기 176, 179

ㄹ

랜엄, J. 드루 Lanham, J. Drew 34, 212-213
레오폴드, 알도 Leopold, Aldo 40, 213
로스, 존 뮤어 Laws, John Muir 115
로스, 찰스 E. (척) Roth, Charles E. (Chuck) 5, 10, 81, 210
로스차일드, 미리엄 Rothschild,

라벤더
직경 1센티미터

회갈색

적황색

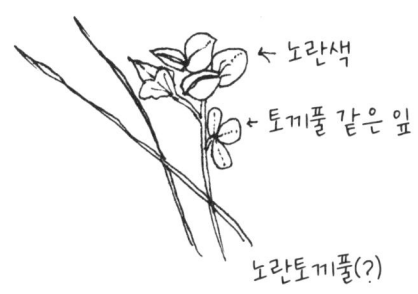

← 노란색
← 토끼풀 같은 잎

노란토끼풀(?)

알래스카주 싯카에서 바라본 서쪽 풍경(태평양)

오리건주 캐스케이드 헤드에서 바라본 서쪽 풍경

캐스케이드 헤드에서 바라본 북쪽 풍경

Miriam 21
루이스와 클라크 Lewis and Clark 19
리스, 지니 Reese, Jeannine 110
리스-몽고메리, 리베카 Ries-Montgomery, Rebecca 118
린네, 칼 Linnaeus, Carolus 21
린들, 스티븐 Lindell, Steven 39

ㅁ

마르첼로, 마시 Marchello, Marcy 45
마시, 조애나 Macy, Joanna 209
마운트오번 묘지 Mount Auburn Cemetery 27-31
마음챙김 mindfulness 34-35, 197, 209
만테냐, 안드레아 Mantegna, Andrea 186
매너밋 보존과학 센터 Manomet Center for Conservation Sciences 44
매미 그리기 180
매사추세츠 Massachusetts
   마시 마르첼로(예술가, 자연학자) 45
   미첼 초등학교 Mitchell Elementary School 205
   수전 스트랜즈 선생님 Susan Stranz 206
   오듀본 협회 Audubon Society 5, 161, 171
   원예협회 Horticultural Society 27
   케임브리지 초등학교 Cambridge elementary school 103
매일의 변화 daily sequences 95
매티오, 조나 Mateo, Jonah 114
맥더멋, 샌디 McDermott, Sandy 119
맥도널드, 헬렌 Macdonald, Helen 23, 213
머사이어스, 일레인 Messias, Elaine 205
메뚜기 그리기 180
모뉴먼트 밸리 Monument Valley 39
미첼 초등학교 Mitchell Elementary School 205
미첼, 존 핸슨 Mitchell, John Hanson 95, 213

ㅂ

반려동물로 그리기 연습하기 165
뱀 그리기 173
버섯 그리기 137
버스비, 존 Busby, John 19, 89, 123, 168, 214-215
베일리, L. H. Bailey, L. H. 32
보든, 잭 Borden, Jack 205
보르트블릿, 린 Poortvliet, Rien 40, 215
보면서 윤곽선 그리기 modified contour drawing 71
보이는 대로 그리기 51
   그림에 대한 두려움 극복하기 76-77
   기본 형태 파악하기 78
   단축법으로 자연물 그리기 80
   명암 넣기 79
   색연필 사용하기 84-85
   수채물감 사용하기 86-89
   원근법 80-83
보지슨, 벳 Borgeson, Bet 84, 214
볼드윈, 린 Baldwin, Lyn 116
브라운, 로런 Brown, Lauren 136
브루넬레스키, 필리포 Brunelleschi, Filippo 186
브루세비츠, 군나르 Brusewitz, Gunnar 19, 215
비둘기 보고서 161

ㅅ

사슴 그리기 168, 175
사전트, 존 싱어 Sargent, John Singer 89
새
  계절별 관찰 108, 162-163
  깃털 분류 157
  모이통 그리기 158-159
  비둘기 보고서 161
  새 그리기 153-155
  조류 연구 160
  큰왜가리 서식지 45
  탐조 152
  해부학 156-157
  황조롱이 75
새니벌섬 Sanibel Island 43
색연필
  구입 요령 63
  채색하기 84-85
생물 계절학 phenology 44, 200
서세스 소사이어티 Xerces Society 179
세부에 주목하기 92. '관찰' 항목 참조
셰라트, 일로나 Sherratt, Ilona 121
셰퍼드, 어니스트 Shepard, Ernest 40
소로, 헨리 데이비드 Thoreau, Henry David 25, 40, 213
소스빌, 리사 Sausville, Lisa 113
수채 물감 사용 요령 86-89
스렐폴, 존 Threlfall, John 192
스카르파, 안젤리크 Scarpa, Angelique 113
스케치북 고르기 56, 58
스토더드, 톰 Stoddard, Tom 13
스트랜츠, 수전 Stranz, Susan 206
스페이드, 엘리자베스 리바이탄 Spaid, Elizabeth Levitan 205
시민 과학 citizen science 19, 44, 55, 106
  참고 자료 212, 216
시저, 론 Cisar, Ron 42
식물. '꽃', '풀', '나무', '잡초' 항목 참조
  계절에 따른 변화 109, 140-141
  그리는 법 134-139
쌍안경
  짐 꾸리기 59
  차 안에서 기록하기 46
  탐조 152, 163

ㅇ

아리스토텔레스 Aristotle 21
안 보고 윤곽선 그리기 blind contour drawing 70
앤더슨, 로레인 Anderson, Lorraine 53, 211
양서류 그리기 172-173
엘튼, 닉 Elton, Nick 119
여우 그리기 167, 169
여행 중에 기록하기 36-37
오늘의 특별한 이미지 Daily Exceptional Images (DEI) 34, 96
오듀본 협회 Audubon Society
  매사추세츠 5, 161, 171
  보호구역 10
  전국 211-212, 216
오브라이언, 마기 O'Brien, Margy 112
오스틴, 애시 Austin, Ash 121
오키프, 조지아 O'Keeffe, Georgia 52
완성본 그리기 finished drawing 74
온손, 라르스 Jonsson, Lars 5 89, 215
워즈워스, 윌리엄 Wordsworth, William 64
윌슨, 에드워드 O. Wilson, Edward O. 9, 21, 213
윤곽 그리기 contour drawings
  보면서 윤곽 그리기 71

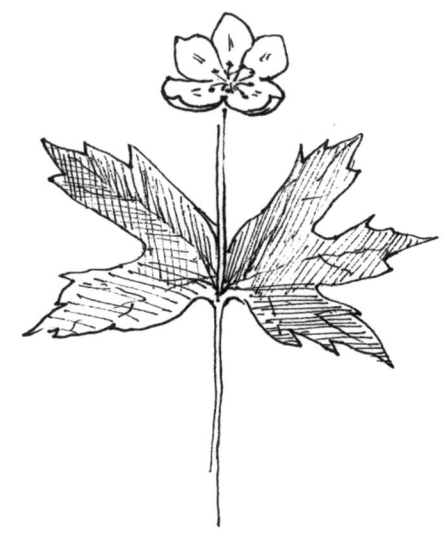

안 보고 윤곽 그리기 70
이니언, 에릭 Ennion, Eric 5, 215
일기 쓰기
   기록 양식 67
   노트/스케치북 고르기 56, 58
   일기 샘플 110-121
   첫 페이지 64-65
   필수 도구 56-63

ㅈ

자연 관찰 일기 쓰기 가르치기
   갈무리 페이지 210
   관찰 격려하기 40-41, 198, 208
   관찰 입문 67
   교과목과의 연계 206
   교육 요령 204
   국가 표준 및 융합 교육과정에 부합 206
   그림에 대한 두려움 극복하기 76-77
   기본 도구 198
   기본 정보 기입 양식 199
   다양한 연령대 202-203
   마음 챙김 격려하기 197-198
   수업 시작하기 198
   수업에 접목하기 208-209
   야외 기록 200
   유익 22
   이젤 사용하기 203
   자연 관찰 연습 42
   즐기기 124
   초보자를 위한 채색법 84
   풍경 184
   학교와 워크숍에서 194-195
자연물, 그리기 대상 채집 32, 51
   세부 그리기 100, 144-145
자연학자 naturalist 21, 55, 198
잡초와 야생화 그리기 138-139
전미 오듀본 협회 National Audubon Society 211-212, 216
제왕나비 monarch butterflies 141, 179, 182

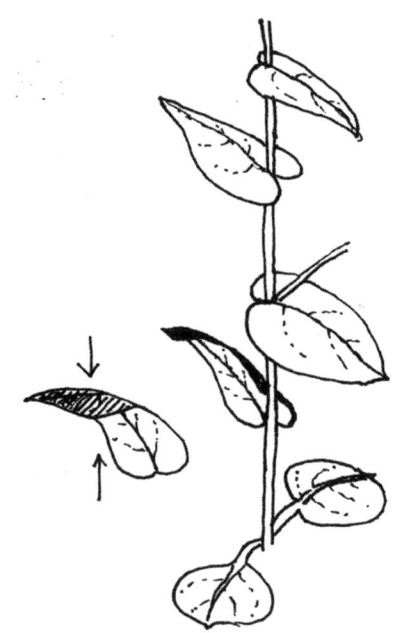

쥐 그리기 166
즈윙거, 앤 Zwinger, Ann 18, 213
집 근처 관찰하기 105

ㅊ

차우, 춘만 Chow, Chun Man 117
창밖 보고 기록하기 22, 46, 92, 95, 106, 131

ㅋ

카슨, 레이첼 Carson, Rachel 19, 21, 40, 202, 213
컴스톡, 애나 보츠퍼드 Comstock, Anna Botsford 21
코넬 조류학 연구소 Cornell Lab of Ornithology 44, 209, 216
코요테 그리기 169
코페르니쿠스 Copernicus 21
코프먼, 켄 Kaufman, Kenn 152, 212
크로키 gesture sketches 72
큰왜가리 서식지 45
클라크, 엘리너 Clark, Eleanor 111

ㅌ

탐구 과제 정하기 170-171
태양 관찰
   계절에 따른 변화 126, 128
   동지 무렵의 움직임 95
   해돋이와 해넘이 67, 131
탤러미, 더그 Tallamy, Doug 179, 212
틸, 에드윈 웨이 Teale, Edwin Way 40, 213

ㅍ

파충류 그리기 172-173
펜과 연필 59-61
   색연필 63
포유동물
   계절 노트 174-175
   기본 형태 그리기 164

늘대 그리기 164, 169
다람쥐의 재주, 새모이통을 노리는 51
다람쥐/청설모 그리기 164, 170-171
말코손바닥사슴 그리기 167
반려동물로 연습하기 165
사슴 그리기 168
여우 그리기 167, 169
움직이는 동물 그리기 166-167
쥐 그리기 166
코요테 그리기 169
해부학 168
포터, 비어트릭스 Potter, Beatrix 40, 215
풀 그리기와 식별하기 61, 136
풍경 184-191
   건물 그리기 189
   계절별 관찰 109
   빨리 기록하기 40
   선 그리기 연습 149
   양감과 거리감 연출 186-187
   연필, 그리기에 좋은 60
   좋아하는 장소 188
   풍경 그리기 184-185
프랭크, 프레더릭 Franck, Frederick 15
플리니우스 Pliny 21
필드 가이드
   고전적 가이드 211
   도감 참고하여 세부 그리기 73, 101, 124, 208
   풀 136
   해부학 자료 156, 168

ㅎ

하늘 관찰
   계절의 지표 108-109
   구름 모양과 하늘 색 67
   구름의 주요 형태 10가지 131
   '드넓은 하늘을 위하여' 프로젝트 205

태양과 달 130-131
하우저, 스티븐 Houser, Stephen 119
하이킹과 자연 관찰 일기 쓰기 101
하인스, 밥 Hines, Bob 40
학교. '교사', '자연 관찰 일기 쓰기 가르치기' 항목 참조.
해변
   관찰 43, 106
   그릴 대상 채집하기 51, 100
헤이, 존 Hay, John 21
호머, 윈즐로 Homer, Winslow 89, 214
호크니, 데이비드 Hockney, David 89
호킨스, 마리아 Hodkins, Maria 118
환경
   교육 43, 204-106, 208-209
   시민 과학 19, 44, 106
   인식하기 19, 25, 40
황조롱이 75
힌치먼, 해너 Hinchman, Hannah 56, 215
힐리, 리사 Hiley, Lisa 120

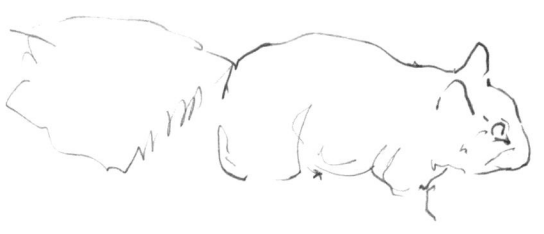